我们的广西
WOMEN DE
GUANGXI

乐业天坑
LEYE TIANKENG

广西出版传媒集团
GUANGXI CHUBAN CHUANMEI JITUAN

广西科学技术出版社
GUANGXI KEXUE JISHU CHUBANSHE

"我们的广西"丛书

总 策 划：范晓莉

出 品 人：覃　超
总 监 制：曹光哲
监　　制：何　骏　施伟文　黎洪波
统　　筹：郭玉婷　唐　勇
审稿总监：区向明
编校总监：马丕环
装帧总监：黄宗湖
印制总监：罗梦来

装帧设计：陈　凌　陈　欢
版式设计：梁　良

前　言

我国最早报道并解释"天坑"形成的记载，见于杨世燊于1983年撰著出版的《石海洞乡》，首次将兴文小岩湾、大岩湾作为喀斯特漏斗的特例进行了论述。岩溶学文献中"天坑"一词最早见于袁道先主编的《岩溶学词典》（1988）中，当时将"天坑"归入竖井一类的表述，"竖井，一种垂向深井状的通道。深度由数十米至数百米。因地下水位下降，渗流带增厚，由落水洞进一步向下发育或洞穴顶板塌陷而成。底部有水的，叫天然井、岩溶井、溶井或天坑"。1992年，中国地质科学院岩溶地质研究所的朱学稳研究团队根据第六次中英联合洞穴探险的成果，对四川兴文小岩湾和大岩湾的成因进行了进一步的探讨，称之为"大漏斗"。1994年，朱学稳研究团队发现重庆奉节小寨天坑，也仍然称之为"特大型漏斗"，再后来其团队发现了重庆武隆县的箐口"漩坑"和广西乐业县的"大石围"，这些具有相似特征的地貌引起了朱学稳研究团队的慎重思考。从已有的概念上讲，箐口和大石围应称为巨型竖井。但同一地貌形态既叫漏斗，又称竖井，显然是不合适的。换言之，这种"竖井状的巨型漏斗，或者漏斗状的巨型竖井"的地貌该叫什么呢？"天坑"概念应时而生。

2001年，朱学稳在《科技导报》上发表了《中国的喀斯特天坑及其科学与旅游价值》一文，首次提出将天坑从大型漏斗中分离出来，作为喀斯特地貌学中的一个新成员——"喀斯特天坑"（karst tiankeng），并建议在国际上使用拼音词"tiankeng"
（tiān kēng）。2003年，朱学稳研究团队在广西科学技术出版社出版了《广西乐业大石围天坑群发现、探测、定义与研究》，正式将天坑理论体系建立起来，并于2005年发起和组织了中外联合天坑考察项目和桂林国际天坑研讨会；会后将考察的研究成果通过《天坑专集》的形式，分别在*Cave and Karst Science Speleogenesis*和《中国岩溶》上同时发表，使"天坑"（tiankeng）成为继"石林"（shilin）、"峰林"（fenglin）、"峰丛"（fengcong）之后第四个来自中国的岩溶科学术语。"对于国际岩溶专业术语来说，天坑是个有益的补充。"（专刊结语）至此，引发了天坑研究的热潮，国内外学者从天坑形态、天坑成因、天坑发育等方面进行了深入的研究和激烈的讨论；同时吸引了除地质学之外的旅游学、景观学、地理学、生物学、环境学、气候学、水文学、体育学、文学、传播学等众多学科学者的积极关注与广泛参与，为相关学科带来了新的研究方向。

天坑作为岩溶地区最奇特而壮观的负地形景观，在群众中更是广为流传，在国内几乎家喻户晓。而天坑作为一个学术名词，当初却没有被广泛接受。究其缘故，一方面是当时发现的天坑数量太少，全球不过百来个，因此很多学者坚持认为，天坑只不过是岩溶塌陷漏斗的一个特例；另一方面是天坑的发现和科学定义的时间较短，天坑的形成与演化机制、形态和分类等诸多问题，国内外的专家尚未达成一致的认识，天坑形成的地质年代仍是个不解之谜。事实上，在2005年桂林国际天坑研讨会上，有专家建议应从天坑成因上而非形态大小给予定义，如天坑是发育于现代地下河之上或有证据表明古老地下河轨迹之上，由溶洞大厅崩塌而成且四壁陡峭的深井状特大型塌陷漏斗。但这样一来，天坑的定义过于宽泛而没有被接受。反过来看，这也正是天坑及其理论体系建立的科学魅力所在。科学研究贵在创新，天坑理论体系最初的建立也许不甚完善，但它却记载了天坑研究者的历史踪迹。

随着科技的进步，人们的视野不断拓宽。谷歌地球专业版免费开放，手机APP软件能安装高清的卫星影像应用，以及无人机的使用，使国内外的户外爱好者只凭借一部手机便能畅游全球。

2016年初，捷克户外爱好者兹德雷克和我国户外爱好者伍红鹰几乎同时借助谷歌地球卫星影像发现"陕西天坑"。中国地质科学院岩溶地质研究所天坑研究团队迅速做出反应，邀请捷克科学院地质研究所的专家一起组成天坑联合考察队，于2016年5月20～28日赴现场核实，并告知全国重要地质遗迹调查项目负责人董颖，同时与陕西省矿产地质调查中心及时取得联系，后者随后将其工作区域由商洛转至汉中。经过中外探险家、陕西省矿产地质调查中心专业人员艰苦卓绝的努力，发现了汉中天坑群。这些天坑发育于北亚热带米仓山岩溶台原面上，由4个天坑群组成，总数超过30个。但汉中天坑群所在的石灰岩厚度不过700米，集中分布面积不过600平方千米，所以不是典型的峰丛地貌区。

2018年，中国地质科学院岩溶地质研究所和陕西省地质调查院再次发起和组织了中外联合汉中天坑考察项目和汉中天坑群国际学术研讨会，对天坑的形成与演化机制、天坑的定义，如天坑的发育是否一定"在深切割峰丛区"、是否一定"受外源水的渗流侵蚀"等问题，进行了深入的探讨。

正是由于汉中天坑群的发现，不甘寂寞的广西户外爱好者们也纷纷拿起手机，广为搜索，然后用无人机跟踪，现场探险确认，这一下广西发现的天坑除了乐业大石围天坑群，数量有上千个！从量变到质变，天坑作为一种岩溶地貌类型，争议的声音越来越少了。而且，广西发现的天坑、天坑群分布范围广，从北部的全州县到南部的龙州县，从西部的那坡县、靖西县到东部山水甲天下的桂林都有。广西天坑的类型非常丰富，从襁褓中的初始天坑、溶洞大厅，如红玫瑰大厅、马可波罗大厅、马王洞大厅、穿龙岩大厅、千团大厅、海亭大厅……到刚刚与地表相通的冒气洞，从顶部到底部高365米的天坑，到浑圆的天坑、椭圆的天坑、多边形的天坑及复合天坑，天坑之中套天坑，甚至天坑退化后不同阶段的天坑，从1%退化至80%退化的天坑，从失去一面陡壁到仅存一面陡壁的天坑，应有尽有。

20世纪70年代，南方岩溶洼地曾作为寻找地下水的依据。那时的理论认为，洼地是地下水的汇水区，应该与地下河道有某种联系，因此通过分析洼地的走向，也许能够找到地下河的踪迹，从而为寻找地下河水提供科学依据。但后来证明这是失败的。今天我们从大石围天坑群的轨迹可以看到，洼地和地下河没有必然联系，倒是天坑与地下河的联系密不可分，因为天坑是地下河发育洞穴到非常成熟的地下形态、溶洞大厅等在地表的体现，这才是天坑理论的产生意义和活力。

对于户外爱好者来说，天坑能给他们带来的是不可言喻的探险乐趣。广西这么多天坑，数千年来一直在当地人的眼皮底下，但坑底究竟隐藏着什么，天坑之间是否有联系，从来都无人知晓。天坑就好像一本《盗墓笔记》，里面惊险刺激，但又魅力无限。

大石围天坑群的发现、探测与研究掀起了天坑热，首次建立了天坑理论体系；借助科技的力量，汉中天坑群以及全国各地岩溶地区更多天坑群的发现、调查和研究，不断引导天坑理论逐步走向成熟。

在天坑理论体系建立的15年间，天坑因其突出的科学、景观、旅游和探险价值，受到了国内外的广泛关注，越来越多的天坑被发现。《中国国家地理》杂志以大量篇幅对天坑的壮丽景观进行了展示，更是引起了社会的共鸣。同时，过去的15年间，关于天坑地质、旅游、景观、地理、生物、环境、水文等多方面研究的新成果不断涌现，尤其是2005年10月和2017年3月分别于桂林和汉中举办的国际天坑研讨会成果，为本书内容的系统性和先进性提供了保障。

虽然本书通过大石围天坑群的发现、探测和研究，揭示了塌陷型天坑的特征和发育规律以及天坑对岩溶地貌学的贡献，看起来涵盖了大石围的方方面面，但是现实是复杂的，不同地区有不同的地质背景，天坑发育的地貌背景大不相同，因此本书也仅起到抛砖引玉的作用。

对本书的撰著，我们尽量围绕大石围天坑群及其有关文献，开展系统的资料整理，力求将天坑理论体系通过大石围天坑群和新发现的汉中天坑群展现出来。但由于时间仓促，很难将有关天坑的文献全部涉猎，在写作过程中，难免有疏漏，敬请谅解。

本书由朱学稳、张远海、陈伟海、黄保健、朱德浩、翟秀敏、沈利娜著。全书共分9章，前言、第一章阐述天坑的科学含义和天坑的形成条件及其发育演化类型，前言由张远海执笔，第一章由朱学稳、张远海和陈伟海执笔；第二至第四章论述大石围天坑的调查历史、科学研究、基本特征及发育演化历史等，其中第二章由张远海、翟秀敏和沈利娜执笔，第三章由黄保健、张远海、朱德浩执笔，第四章由张远海、黄保健、朱德浩和翟秀敏执笔；第五章对大石围天坑群的地质遗迹进行描述和评价，由张远海、翟秀敏执笔；第六章关于大石围天坑群生物多样性的论述，由沈利娜根据现场调查资料撰写；第七章对国内外其他重要天坑群进行回顾和总结，以及对2016年发现的汉中天坑群对天坑理论的贡献进行论述，由张远海、陈伟海执笔；第八章着重通过国际对比分析，确定大石围天坑群的价值及其在天坑理论体系中的地位，由张远海、陈伟海执笔；第九章论述大石围天坑群面临的保护方面的问题，由翟秀敏和张远海执笔；后记由朱德浩执笔。最后由张远海和陈伟海统稿。

书稿在撰写过程中得到张美良研究员的指导和帮助。书稿完成后，承蒙《中国岩溶》编辑部编审们的审阅并提供修改意见。撰著者在此表示衷心的感谢！

目 录

第一章 天坑概论

天坑，曾是民间对一种大型凹陷状岩溶负地形的称呼，如重庆奉节县的小寨天坑。相类似的名称还有如广西乐业县的大石围天坑、大坨天坑、大曹天坑，四川兴文县的大岩湾天坑、小岩湾天坑，重庆云阳县的龙缸天坑，重庆武隆县的中石院天坑、坑凼凼天坑，贵州织金县的大槽口天坑，湖北利川县的大瓮天坑，陕西汉中的地洞河天坑、圈子崖天坑、双漩窝天坑等。从 2001 年起，天坑从众多民间称谓中被挑选出来，且从已有的"竖井（shaft）"和"漏斗（doline）"概念中分离出来，被赋予了更加丰富的科学内涵，将其确立为一个新的岩溶地貌学术语。十多年来，代表这种岩溶地貌的科学术语经多次研讨，"天坑"一词广为传播，不仅为民间所熟知，同时也被岩溶科学界所接受，说明这一喀斯特形态的巨大影响力。随着越来越多的天坑（群）的发现、调查和研究，天坑的类型、特征、发育年代等方面的研究也逐渐走向成熟，天坑理论体系得到逐步完善。

一、天坑的科学含义

1. 天坑的科学定义

2012 年，"天坑"作为科学术语正式被收录于 *Encyclopedia of Caves*（*Second Edition*）［《洞穴百科全书》（第二版）］（White,

2012）中；在2018年《洞穴百科全书》（第三版）中，经过天坑研讨会专家小组讨论，对天坑定义作了细小的修订，确定天坑定义为"The word tiankeng is a transliteration from two Chinese characters '天坑'（tiān kēng in pinyin），that roughly mean sky hole or heaven pit，or some similar variation on that double theme. Tiankeng is a very large dol ine formed from cave chamber（s）in carbonate rocks that is more than 100 m deep and wide，and/or has a volume of more than one million cubic meters，a steep profile with vertical cliffs around all or most of its perimete r and is/was connected with an underground cave river"，即"天坑一词由中文'天坑'音译而来，即拼音tiān kēng，相当于英文的'sky hole'或'heaven pit'，或与这两个词具有相似意义的词。天坑是碳酸盐岩地区由溶洞大厅（cave chamber）形成的，深度和口径不小于100米，和（或）容积大于100万立方米，四周或大部分周壁陡崖环绕，且或曾与地下河溶洞相通的特大型漏斗"。

2. 天坑形态学研究

从天坑形态学上看，天坑是由直立的周壁陡崖环绕而构成的深度和口径均不小于100米的塌陷漏斗（Zhu，2001，2003，2005）。因此，一个天坑可通过周壁是否存在大部分直立或近直立的岩壁和较大深度来识别。广西百色市乐业县大石围天坑可称得上天坑形态的典型范例（图1-1）。

虽然天坑的科学定义限定了天坑的最小尺寸，以此作为天坑的鉴别特征，但是深度和口径的最小尺寸并非严格限定在100米（Zhu，2005）。对天坑的定义应该慎重理解，尤其那些非常明显的塌陷漏斗，不能因为其深度和口径达不到100米而不被列入天坑。对天坑口径的测量可取天坑边缘陡壁测量，而那些退化的天坑可取近似点测量；天坑深度的测量，可分别从天坑边缘最高点和最低点取值，两者取值有时相差甚大，取平均值可较好地反映天坑的深度，将地形特点真正反映出来。

图1-1 广西乐业大石围天坑仰视

天坑的最小容积是界定天坑的另外一个形态数据。当然天坑容积数据仅是一个近似值，因为很难确定天坑环形陡壁的具体位置。以标准的圆柱体或立方体而论，一个最小深度和口径的天坑容积约为0.8兆立方米，而标准的立方体容积才是1.0兆立方米。以天坑的最小容积界定天坑的好处是那些深度超过100米而口径不足100米的天坑，或者口径超过100米、深度不足100米的天坑也能包括在天坑范围之内。

天坑的深度与口径比值（Depth/Width，简称D/W）一般为0.5～2.0，即0.5<D/W<2.0。这里深度与口径分别指从天坑边缘绝壁面上测量到的天坑深度和最大宽度或口径。对于深度与宽度比值明显大于2（D/W>2）的岩溶负地形地貌可作为竖井来考虑，其成因可能是落水洞（sinkhole）溶蚀而非溶洞崩塌。对于那些深度与宽度比值相对较小的天坑，可能是明显退化的天坑或是具有多重特征的天坑，因为退化天坑的部分边缘陡壁已经退化为斜坡，而仅存部分陡壁残余。多重特征天坑如重庆武隆的箐口天坑，是竖井和底部溶洞大厅崩塌合并而成，虽然深度与宽度比值变得较大，但是其三维数据和纵断面形态却完整保留了天坑的特征。另外一些深度与宽度比值特别小的岩溶负地形可视为洼地（depression）来考虑，如一些大型岩溶洼地、大型漏斗、坡立谷（polje）和那些成因不明的超级漏斗，而且这些岩溶负地形缺乏天坑形成的塌陷机制或保留证据不足，因此不能视为天坑。所有深度与宽度比值即D/W<0.2的浅洼地，都没有理由作为天坑来考虑。

典型天坑的顶部口径和底部口径的比值（W-top/W-bottom，简称Wt/Wb）一般为0.7～1.5，即0.7<Wt/Wb<1.5，理想天坑的Wt/Wb值为1.0。但Wt/Wb值并非苛刻限定，比如，我国大部分天坑的Wt/Wb值为1.5～2.0，而巴布亚新几内亚新不列巅岛的Lusé天坑的Wt/Wb值约为2（Waltham，2005）。因为坑底裙状碎石日益堆积，所以很难确定退化天坑坑底的尺寸，Wt/Wb值也难以确定。反之，那些洞顶不完全塌陷形成的天坑可看作是不成熟的天坑（初始天坑），其Wt/Wb<0.7。如墨西哥的Golondrinas天坑，虽然露出地表的口径很大，但是天坑下部周壁明显扩大，呈倒置漏斗状，导致其Wt/Wb值约为0.15（Waltham，2005），因此，Golondrinas天坑被视为不成熟天坑。再比如广西乐业的冒气洞，由洞顶到地下河河床的深度为365米，崩塌堆积体高度为150米，底部宽度约为180米（Campion，2003），但其穹隆形顶部仅有一个天窗洞口，口径为10米左右，其Wt/Wb<0.05，因此可看作是一个初始天坑（图1-2）。

3. 天坑的主要特征

作为一种重要的岩溶地貌类型，天坑的主要特征（属性）可以概述如下。

①天坑是一种特殊的规模宏大的岩溶漏斗。

②天坑大部分周壁为直立崖壁，有些具有非常明显的崩塌三角面。

③天坑的口径和深度均不小于100米，通常D/W接近单位比。

图1-2　白洞天坑和冒气洞天窗间的洞穴剖面

④天坑是由与或曾与地下河相通的溶洞大厅崩塌形成。

⑤地表剥蚀或溶蚀漏斗的降低可能有助于这种崩塌的发生。

⑥天坑主要发育于包气带深厚的岩溶区。

⑦有些天坑在一定程度上受外源水的渗流侵蚀。

⑧不成熟的天坑底部凹入形成倒置漏斗状。

⑨退化的天坑大部分周壁被块石堆积所掩埋。

⑩天坑的发育主要包括4个阶段，即地下河洞穴、溶洞大厅、崩塌露出地表和退化。

天坑多与地表地形特征（如山体之顶、坡、底等部位）无关。天坑的岩溶作用通常在地下高速进行，并自下而上影响地表地形的发育，可切割和破坏单个或集中的任何地面岩溶形态，包括谷地、洼地、漏斗和石峰等。崩塌作用在岩溶发育的某个阶段中具有举足轻重的地位。天坑的一系列属性表明，天坑是年轻的岩溶地貌形态，是地下水文系统发育成熟的标志，这也是"天坑"区别于一般"漏斗"的本质特征。

　　这些特征构成了天坑的确切定义。很难也没有必要学究式的绝对界定大型塌陷漏斗的范围，这个范围可能导致对天坑的界定太小或太泛。

　　总之，上述特征为天坑的分类提供了依据。

二、天坑的类型和发育特征

　　根据天坑的成因和特征，可将天坑分为塌陷型天坑（collapsed tiankeng）、冲蚀型天坑（erosional tiankeng）；而按天坑的演化阶段，可将天坑分为不成熟（初始）天坑（immature tiankeng）、成熟天坑（mature tiankeng）和退化天坑（degraded tiankeng）；按天坑的规模，可将天坑分为口径和深度大于500米的特大型天坑（very large tiankeng）、口径和深度为300～500米的大型天坑（large tiankeng）、口径和深度为100～300米的一般天坑（normal tiankeng）。

　　塌陷型天坑无论在数量还是在规模上都占据主导地位，而且即使是冲蚀型天坑，也离不开崩塌作用的重要贡献。如位于湖北省利川市文斗乡的落溪天坑（图1-3），早期曾是一个消水洞，其上游可见演化晚期的另一个消水洞，两者之间为季节性河床；早期消水洞洞口高70米，宽60米，下方为竖井状溶洞大厅，大厅高320米，直径80～100米。2012年1月17日消水洞洞口东北侧，即消水洞大厅洞顶发生大面积崩塌。根据当地村民讲述，崩塌产生巨大的震动，波及范围超过1.5千米。之后消水洞大厅露出地表形成落溪天坑。随着洞顶逐渐崩塌趋于稳定，2012年7月31日，利川黑洞户外探险俱乐部的何端傭赴落溪天坑实测坑口海拔1163米，天坑口径东西向长约100米，南北向宽约80米，深度320～490米。随着早期消水洞在洪水期的不断改造和晚期消水洞的不断发育、扩大，可能导致前期和晚期消水洞的碳酸盐岩不断溶蚀、崩塌搬运而形成

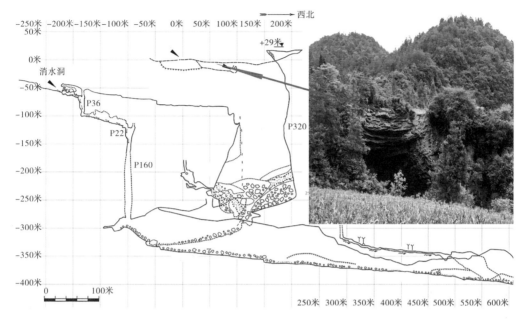

图1-3 湖北利川市文斗乡落溪天坑

更大规模的天坑。总之，天坑的演化离不开崩塌作用和地下河对大量崩塌物质的溶蚀、侵蚀与搬运。因此，崩塌是天坑形成的必要条件，也是天坑形态规模形成的充分条件。形态规模是为了区分尚未露出地表的溶洞大厅或退化天坑，或漏斗。

1. 天坑的成因类型和发育特征

（1）塌陷型天坑

塌陷型天坑最显著的证据是崩塌，虽然这些崩塌可能是由下伏溶洞大厅洞顶崩塌或天坑形成后的陡壁后退引起，但是对一个塌陷型天坑来说，其崩塌成因的证据必须清晰可辨，如坑壁上可能有崩塌三角面存在和坑底有大量碎屑堆积等。需要特别注意鉴别的是，天坑不同高程的崩塌陡壁上，可能会出现某些干洞，甚至是古地下河道遗迹。这些干洞由于天坑后期崩塌作用而显露出来，它们与天坑本身一般在成因和形成历史上没有系统关系。因为在地壳抬升、河道深切、含水层包气带增厚过程中，接近当时饱水带位置而发育的地下河行迹，在空间和时间上的变迁是极其频繁的。例如，乐业大石围天坑崖壁上的马蜂洞及洞内古河道，就没有证据将其成因和发展史与大石围天坑的形成联系起来。

天坑周边陡壁的形成与岩性及地质构造关系十分密切。一般来说，坚硬块状和产状平缓的岩层，有利于高、大、深峭壁的形成，这样的天坑景观视觉上壮丽辉煌，空间庞大而深邃，周壁封闭而完美。乐业的黄猿洞天坑是最好的实例（图1-4）。

塌陷型天坑的数量最多，分布最广，规模差异亦最为悬殊，不同发育阶段的天坑在形态特征上有鲜明的特色。天坑的分布只与地下河道行迹有关，而与地表地形无关。塌陷型天坑的形成，是从其最大深度的坑底向地表发展的，地下河道多为越境河流，地下河流是地下溶洞高度溶蚀、侵蚀作用的动力之源和大量物质的输出管道；天坑的形成与地面水活动无关。深度最大或直达地下水面的天坑，其形成年代最晚。成群天坑和处于不同发育阶段塌陷型天坑的出现，是所在岩溶水文地质系统发育成熟化的标记，如广西乐业大石围天坑群所在的百朗地下河水文系统。

塌陷型天坑形成的系统条件：①具有足够厚度（大于天坑最大深度）又连续沉积的碳酸盐岩层和含水层包气带；②高能量交换的岩溶作用；③地壳的缓慢抬升和越境河流的不断深切；④产状和缓的或近直立的岩层产状，前者最为有利，也最为多见，后者甚为罕见；⑤地下水文网的充分发育，特别是强径流通道的形成；⑥从不成熟天坑、成熟天坑至退化天坑，其形成演化年代循序趋晚。

此外，塌陷型天坑中有一种腔体为水体充塞或部分充塞的天坑，可称之为充水天坑，多是现代地下河的"天窗"，如广西河池市凤山县的三门海天窗群。有些充水天坑的形成则可能与潜流带地下水活动有关。如巴西的红湖天坑和蓝湖天坑，红湖天坑深528米，其中天坑底部水深达281米，水体容积16兆立方米（Kranjc，2005）。探测得知，红湖天坑底部有潜流流入并流出。无论天坑何种成因，激烈的地下水流活动、高强度的岩溶作用和能量交换均是天坑形成的重要条件。

（2）冲蚀型天坑

冲蚀型天坑是由地表水向碳酸盐岩出露区（点）集中流入，经冲蚀后由落水洞、竖井逐步崩塌发展而成的。

冲蚀型天坑形成的基本条件是地层岩性的二元结构，即地表出露部分为非碳酸盐岩（砂页岩）或岩性不纯碳酸盐岩，下伏为碳酸盐岩，因而可形成地表径流。随着上覆地层被剥蚀和地表流水侵蚀下切，地形低凹处或构造凸起处逐渐露出碳酸盐岩，形成"窗式"岩溶地貌，从而提供了岩溶水入渗溶蚀的边界（点），地表汇聚形成的水流相对稳定地由边界（点）入渗，然后通过地下裂隙寻找出水边界，逐渐形成地下河径流集中运移，逐步有了溶蚀搬运的条件。久而久之，由消水洞逐步向冲蚀型天坑演化。

由于冲蚀型天坑形成条件的特殊性，因此其分布主要见于岩溶区域分水岭地带和岩溶台原区。如位于长江干流及其支流乌江分水岭地带的重庆武隆后坪岩溶区，上覆地层为下奥陶统大湾组砂页岩，以箐口天坑为代表（陈伟海，2004）；2016年发现的陕西汉中米仓山岩溶台原区，上覆地层为下三叠统大冶组泥质白云岩或泥灰岩，以及上二叠统吴家坪组硅质条带夹层，以陕西南郑县小南海镇西沟天坑为代表（任娟刚，2017）；国外见于巴布亚新几内亚的穆勒（Muller）台原和新不列巅岛的Nakanai岩溶高原（James，2005），由于存在不纯、多页岩夹层的石灰岩，为汇聚形成地表径流提供了有利条件，因而形成了超级漏斗群，以及部分冲蚀型天坑。

冲蚀型天坑由岩盖汇聚的外源水和雨水（内源水）的溶蚀、强水动力侵蚀（急流及跌水）与崩塌作用协同形成。同步发育的还有地下河溶洞系统。显然，与塌陷型天坑和地下河道的"越境式"通过关系不同，冲蚀型天坑的地下河道是汇聚"起源式"的（朱学稳，2006）。

图1-4　黄猄洞天坑直立崖壁的完整边缘

2. 天坑的发育演化阶段

我国西南地区多数天坑均位于非常典型的成熟峰丛岩溶区，而西部大巴山一带的天坑群却发育于岩溶台原区，这与巴布亚新几内亚的穆勒（Muller）台原和马达加斯加的安卡拉奈（Ankarana）台原有几分相似，均没有典型的峰丛岩溶地貌，具有岩性二元结构（Gilli，2014），甚至"三明治"式地层构造。虽然深切的峰丛岩溶可能是天坑形成的理想环境，但是天坑的发育并没有统一的地貌条件。天坑的发育与水动力有密切的关系，水动力必须达到一定的规模或具备足够的动能，才有可能溶蚀、侵蚀搬运大量的碳酸盐岩，从而发育天坑。此外，含水层结构即包气带厚度至少要达到天坑的最小尺寸，否则形成不了溶洞大厅和天坑。

天坑的发育过程不是简单的戴维斯地貌演化循环的过程，有时瞬间的洞顶崩塌就可形成天坑，有时则是需要漫长岁月的等待，溶洞大厅才露出地表形成天坑。因此，从整个天坑演化阶段来，可将天坑分为不成熟（初始）天坑、成熟天坑和退化天坑（图1-5）（Waltham，2005）。但从天坑发育的生命历程来看，天坑的发育包括从地下河、溶洞、溶洞大厅、不成熟天坑、成熟天坑、陡壁残存的退化天坑、大型漏斗、削顶洞穴、干谷和坡立谷等不同方向的演化产物。

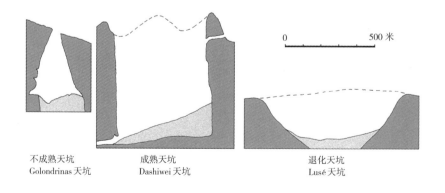

不成熟天坑
Golondrinas 天坑

成熟天坑
Dashiwei 天坑

退化天坑
Lusé 天坑

0   500 米

图1-5　不成熟天坑、成熟天坑和退化天坑剖面比较

（1）不成熟天坑

那些洞顶不完全塌陷形成的天坑，顶部口径和底部口径的比值即Wt/Wb<0.7，可看作是不成熟天坑（Zhu，2005）。由于溶洞大厅的不完全塌陷，一个不成熟天坑是以呈倒置漏斗状为特点，顶部通常是以天窗为特征的大型溶洞大厅（淹没大厅）。

（2）成熟天坑

成熟的天坑以四周近直立的崖壁为特征，其顶部口径和底部口径的比值即Wt/Wb=0.7～1.5。

（3）退化天坑

退化天坑仍保留其宏大（大型）的规模，但可能失去部分周边陡壁，底部面积远比坑口面积小，底部有大量碎石堆积，并且没有过境地下河通过。退化天坑顶部口径和底部口径的比值即Wt/Wb>1.5，天坑边缘陡壁降低的同时，深度/口径比值也下降（D/W<0.5）。

3. 天坑的规模分类

天坑按其规模分类，可分为特大型天坑、大型天坑、一般天坑。

特大型天坑：口径和深度均大于500米或容积大于50兆立方米。

大型天坑：口径和深度均为300～500米或容积为10兆～50兆立方米。

一般天坑：口径和深度均为100～300米或容积为1兆～10兆立方米。

规模尺寸并非严格限定。如大型天坑的深度和长度都应大于300米，可是有的口径可能稍小于300米。不规则形状天坑的最大尺寸会造成假象，如重庆的下石院天坑和中石院天坑的最大尺寸都达到了大型天坑标准，但天坑顺岩层倾向边坡的倾斜结构，相对较浅。从理论上讲，天坑的深度应从碎石堆积底部基岩面量起，但有些地方无法确定深度。

按天坑的容积进行分级可能更合理，但缺点是精确的容积不是那么容易或方便测量（本书引用的多数天坑容积都是非常粗略的估计）。一般天坑、大型天坑和特大型天坑的最小体积分别约为1兆立方米、10兆立方米和50兆立方米。

4. 天坑的发育特征

无论是起源于地下水流溶蚀崩塌作用形成的塌陷型天坑，还是起源于地面水流冲蚀、溶蚀作用形成的冲蚀型天坑，其成因不同，发育阶段和特征也有所差别。

（1）塌陷型天坑

塌陷型天坑是一个形成于大型地下河轨迹上的塌陷负地形地貌。塌陷型天坑形成的基础是地下河道的集中溶蚀与侵蚀作用，但其形态与规模的形成则是多阶段大规模的物理性崩塌作用的结果，如广西乐业大石围天坑和重庆奉节小寨天坑；也可能是一系列地下通道交汇部位塌陷作用的结果，包括不同时期洞穴通道崩塌的叠加，如四川兴文小岩湾天坑。一般来讲，天坑发育是从地下开始的，与各种地表岩溶形态和地形无直接内在的联系（Zhu，2005）。

许多观察结果表明，天坑发育与碳酸盐岩层中一个或多个脆弱性构造有关，特别是次直立的断层和节理。如重庆奉节的小寨天坑，其地下河在坑底横穿次直立的裂隙，看起来像是小位移断层。这些构造有助于通过顶蚀作用促使地下河溶洞大厅纵向扩展，以及通过崖壁后退和塌陷复合作用促使大厅或天坑侧向扩展。对天坑来说，几乎所有大型洞穴通道和溶洞大厅都是在碳酸盐岩层的构造脆弱带上发育的。据对裂隙发育观察的结果表明，天坑形成初期可能位于地缝暗河之上和岩溶峰丛3个山丘间的漏斗之下。沿着洞穴通道的裂隙是多个裂隙组，西南—东北向裂隙呈雁行系列破坏（图1-6）（Zhu & Waltham，2005）。

溶洞大厅崩塌包括长期的洞穴顶蚀作用和洞腔的向上扩展。在漫长的发育过程中，洞顶逐渐崩塌使压力拱下方张力达到平衡状态，从而在岩石上方生成空间形成稳定的洞穴穹顶。可能发生洞顶直达地表的塌陷的单一事件，或是多重小规模塌陷复合造成地表塌陷。有些天坑由于沿

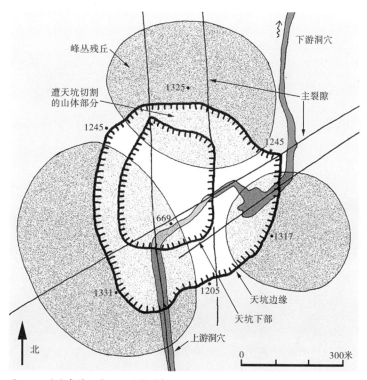

图1-6　重庆奉节小寨天坑的构造解译

着大型地下河通道塌陷而成，天坑呈长条形，如重庆武隆的青龙天坑和贵州的大槽口天坑（Zhu，2005）。有些天坑规模宏大，表明它们是多重崩塌的结果，这类天坑的尺寸远远大于已知的溶洞大厅的规模，而且其大部分容积可以根据坑底块石的溶蚀和侵蚀搬运得到合理的解释。有些圆形天坑很可能是应力平均分配、崖壁后退演化的结果。

　　塌陷型天坑的发育经历了4个阶段，即地下河阶段、地下大厅阶段、天坑形成阶段和天坑退化阶段（图1-7）。大石围天坑群中的白洞天坑、冒气洞阳光大厅与地下河道之间的关系，大曹天坑、红玫瑰大厅与地下河道之间的关系，以及大坨（流星）天坑等可作为塌陷型天坑发育阶段的生动例证。

a   地下河阶段

b   地下大厅阶段

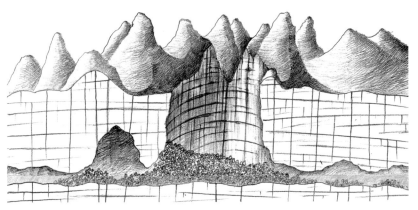

c   天坑形成阶段

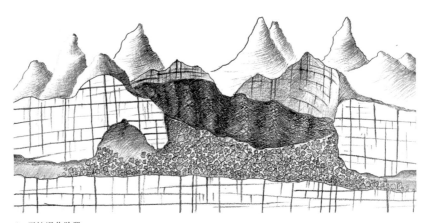

d 天坑退化阶段
图1-7 塌陷型天坑发育经历示意图

①地下河阶段。有一条流水终年不竭的地下河道是天坑形成的首要条件。因为地下河道既是天坑形成的动力之源，又是天坑大量崩塌物质输出的唯一途径，搬运方式可能是溶蚀搬运或碎屑物质的机械搬运。地下河的溶蚀、侵蚀搬运能力取决于渐进的顶蚀作用和岩壁崩塌产生的崩塌块石量及通过崩塌堆积形成的水力梯度，因为水力梯度越大越有助于溶蚀和侵蚀速率的提高（Palmer，2005）。

②地下大厅阶段。在地下河道水流强烈的溶蚀、侵蚀作用下，在岩层产状平缓、构造裂隙、岩石破碎或多层地下河古道重叠交叉等有利部位，地下河道顶板发生崩塌，崩塌产生的碎屑物质经由地下河道的水流输出，崩塌空间不断扩大，最终形成倒置漏斗状或穹隆状的地下大厅。由于岩层中的包气带厚度较大，而岩体的力学剪切、变形、失稳至崩塌，以及崩塌物质被溶蚀搬运输出，都是一个渐进的过程，因此地下大厅的形成和发展也多是渐进式的。地下大厅尺寸的大小，基本上决定着可能进一步发展成为天坑的规模。所以地下大厅的形成是天坑发育过程中的一个极其重要的阶段。这一阶段的，包括大石围天坑群中的大曹洞红玫瑰大厅、冒气洞阳光大厅等。

③天坑形成阶段。溶洞大厅穹形顶板的逐步崩塌，使大厅的腔体露

出地表。由于原属于大厅顶板的部分不断崩塌平行后退，形成了周边悬崖峭壁或崩塌三角面。

大石围天坑群分布区拥有塌陷型天坑发育前三阶段的各种要素，如庞大的地下河系统及其相关的干洞、地下大厅，地下大厅的巨厚层崩塌堆积和地面"冒气洞"，并有各种典型表现，如天坑群在地表出露的各种表现（不同的地形部位、不同的形态特征等）和分布在不同的海拔高度等，所以大石围天坑群分布区是世界上研究塌陷型天坑的最佳地点。

④天坑退化阶段。崖壁后退是天坑演化的必然过程，当崩塌块石的堆积速度超过地下河搬运速度的时候，天坑开始退化，以坑壁持续风化、剥蚀、崩塌、后退为特征。同时，越来越多的碎石堆积扇和堆积裙在天坑周壁底部形成，天坑四周的崖壁渐渐被堆积裙掩埋，最终天坑退化更严重甚至失去天坑四周几乎所有的崖壁，形成一个超级漏斗，且底部生长的树木掩隐了块石堆积。

很多特大型漏斗都起源于天坑，但在非常成熟的峰丛岩溶区，多深的漏斗起源于天坑？把严重退化的天坑看成是大型漏斗是没有什么意义的，因为这使得天坑的概念变得模糊不清。同样，把天坑视为超级漏斗的一个类型或演化阶段也是不妥当的，天坑不是所有超级漏斗的起源。

（2）冲蚀型天坑

冲蚀型天坑形成的主要条件是非可溶性岩层与可溶性岩层构成的二元结构（Zhu，2005）。以汉中天坑群的发育为例，其岩溶台原面地貌背景基于"三明治"式地层结构的地质背景，上覆岩层和下伏岩层均为非碳酸盐岩，夹于中间的为二叠系碳酸盐岩。同时台原面地貌为较厚的包气带提供了非常有利的入渗条件，来自上覆非可溶性岩分布区的雨水汇聚成溪流，集中注入可溶性岩含水层中，形成地下岩溶形态。由此可见，这样的条件及其结构关系在岩溶区并不多见。这也是冲蚀型天坑远比塌陷型天坑少的原因。

冲蚀型天坑是由地表水以消水洞方式从坑口流入可溶性岩含水层而形成的，其发育阶段可分为消水洞（地下河）阶段、竖井（状大厅）阶段、天坑形成阶段和天坑退化阶段（图1-8）。

①消水洞（地下河）阶段。随着上覆地层被剥蚀，某些地方逐渐揭露到灰岩，雨水汇聚形成相对稳定的水量，地面溪流入渗，然后经逐步溶蚀，地下水通过地下裂隙寻找出水边界，逐渐形成地下河，径流集中运移，有了溶蚀搬运的条件。

a　消水洞阶段

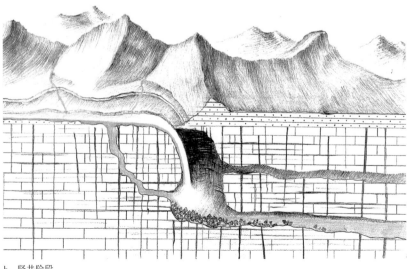

b　竖井阶段

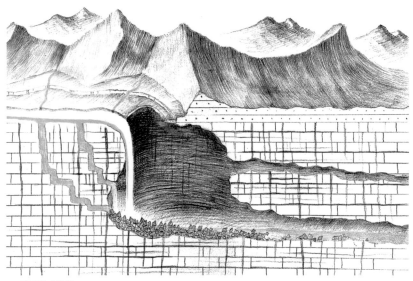

c　天坑形成阶段

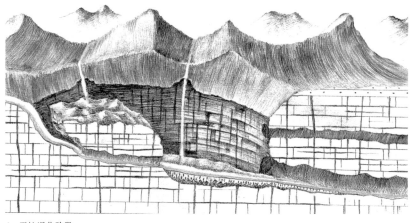

d　天坑退化阶段

图1-8　冲蚀型天坑发育经历示意图

　　②竖井（状大厅）阶段。入渗的地下水流逐步溶蚀、侵蚀、冲蚀，地下河管道扩大，伴随崩塌形成竖井。与其他溶蚀成因的竖井稍有区别的是其上游有较稳定的汇水区域和水源，其地下管道扩展的速度较快。

③天坑形成阶段。随着竖井持续发展扩大，并且其上游裂点也渐渐后退，从而在下游上方形成反倾斜的洞顶，当岩层力学强度不足以支撑洞穴顶板时，顶板发生崩塌，崩塌的物质也被高势能的流水冲蚀、溶蚀搬运，最终形成天坑。

④天坑退化阶段。与塌陷型天坑退化不同的是，冲蚀型天坑崖壁的后退可能源于冲蚀性流水的侵蚀下切，而导致溪流上游部位天坑边缘降低、斜坡化，溪流下游部位的天坑边缘崩塌，堆积堵塞地下河道，或上游水动力减少，最终天坑遭到遗弃而如塌陷型天坑一样逐步崩塌退化。

从以上对天坑发育阶段的分析可进一步了解到，塌陷漏斗与塌陷型天坑、竖井与冲蚀型天坑在形成条件、发育过程、发育阶段以及形态特征等方面均存在着很大的差别。如果说它们之间存在某些联系的话，也只是个别现象，绝大多数的塌陷漏斗和竖井的形成和发展都不一定来源于天坑或发育成为天坑。当然，如同自然界许多事物之间的渐进发展、渐进演化和渐进过渡一样，塌陷漏斗和塌陷型天坑之间、竖井和冲蚀型天坑之间也会存在难以区别的过渡类型。但可以肯定的是绝大多数竖井不可能发展成为冲蚀型天坑。

塌陷型天坑与冲蚀型天坑的形成条件比较（表1-1），在岩性及其沉积厚度、含水层包气带性质与厚度及气候与水文地质特性方面，两者基本相近或一致，如岩层产状平缓、包气带较厚、湿润气候等。但重要的区别在于，冲蚀型天坑的形成在地层与岩性方面必须具有可溶性岩层与非可溶性岩层构成的二元结构，并以地面流水为水源。塌陷型天坑和冲蚀型天坑均有重要的地下河及发达的洞穴系统与之相随，但它们之间的关系却有主从的差别。地下河的存在与发育是塌陷型天坑形成的必要条件；但对冲蚀型天坑来说，地下河的存在是冲蚀型天坑形成作用的结果，而不是其发育的前提条件。

表1-1   塌陷型天坑与冲蚀型天坑的形成条件比较

比较内容	塌陷型天坑	冲蚀型天坑
天坑形态	周壁陡直，崩塌特征	上游一侧流水痕迹，顶部缓
洞壁特征	直立洞壁或反倾斜洞壁	上游直立陡壁和下游洞壁倒置
主导作用	崩塌	侵蚀
天坑起源	溶洞大厅崩塌	地表落水冲蚀
块石搬运	崩塌和过境式地下河溶蚀	流入式地下河冲蚀和崩塌、溶蚀搬运
发育方向	从地下河溶洞大厅向上发展	从落水向下发展，但最终向上发展
与地下河通道关系	先有地下河再有天坑	天坑和地下河同时发育
水文特征	渗流带或者部分潜水带	渗流带
坑底物质	主要是崩塌块石，多植被覆盖	崩塌块石和非碳酸盐冲积物，植被稀少
坑底地形	崩塌堆积裙上游高，下游低	崩塌堆积裙上下游地形区别不明显
与地表地形关系	缺乏相关性	河谷或者洼地端由地表溪流补给
数量	众多	稀少

　　溶洞崩塌和瀑布冲蚀相对所起的作用在不同地方似乎有很大的不同。导致溶蚀竖井扩大达到冲蚀型天坑的规模，必定有崩塌、竖井合并和（或）岩壁后退等因素，否则单一流水冲蚀作用只能使竖井后退形成幽深的峡谷或凹入形成宽度不足20米的竖井，如重庆武隆的洞坝竖井（图1-9）（Lynch，2004）。同样，塌陷型天坑也受到流水侵蚀的影响

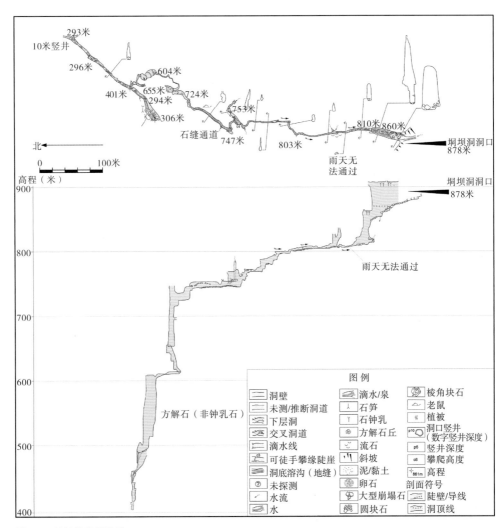

图1-9 洞坝竖井剖面图

或改造。如汉中天坑群地洞河天坑，由于上二叠统吴家坪组地层中大量硅质条带的存在，导致在天坑周壁容易形成瀑布，在这些瀑布或流水集中的地方，天坑被改造为层层跌水（罗乾周，2017）；又如重庆小寨天坑雨季时有3股跌水冲蚀岩壁，不过由于溪流源于石灰岩区域的内源水径流，水能有限，对天坑改造程度也有限（朱学稳，2005，2006）。

有些冲蚀型天坑是大型岩盖漏斗，这种天坑是由下伏碳酸盐岩中的溶洞大厅崩塌穿过上覆非可溶性岩岩盖，贯穿到地表形成的。当溶洞大厅露出地表，来自岩盖周围的大量汇聚的雨水流入天坑中，对其进行进一步的改造。如此一来，把冲蚀型天坑和塌陷型天坑绝对分开就变得有点不确定了。最好是把二者视为所有条件的终极地形，而崩塌和溶蚀的相对重要性各不相同。

值得注意的是，天坑与大型地下河之间的关系使它们与湿热环境或其他有外源水汇入形成大型地下河通道的气候环境密不可分。这个标准也将天坑与其他大型塌陷地形区分开来，包括蒸发岩之上的岩盖塌陷（如在加拿大和俄罗斯的塌陷漏斗）和深部热液洞穴之上的大型塌陷（如阿曼的塌陷漏斗）（Waltham，2005），这些是否归为天坑值得进一步研究和探讨。

此外，位于委内瑞拉的Sarisarinama是一个典型的圆形塌陷大漏斗（Waltham，2005），发育于石英岩中，由大规模的碎屑沉积搬运和潜蚀而成。如果它是发育在碳酸盐岩地区的话，可算得上非常标准的天坑，可实际上它不是，而且它也没有与之相关的地下河洞穴。Sarisarinama大漏斗的演化是一个非常漫长且十分缓慢的过程，其发育对天坑或许有些启示（图1-10）。

5. 天坑发育年代浅析

在我国各地所发现的塌陷型天坑中，无论新老，都毫无例外地切割并破坏了所在地的各类地表岩溶形态，如洼地、漏斗、干谷和锥状石峰地形；而所发现的冲蚀型天坑，也都是十分年轻而且正处在强烈发育中的，如重庆武隆的箐口天坑、湖北利川的落溪天坑和陕西汉中的西沟天坑等。从这一点来看，我国大部分天坑均为相对年轻的地形（朱学稳，2003）。但是，这只是表明溶洞大厅崩塌露出地表的年代，而地下河流、溶洞大厅发育的年代要早得多；许多天坑仅其规模就足以说明地下河流搬运浩如烟海的岩石需要的时间非常久远。因此，张美良（2000）认为大石围天坑形成于6500万年前。朱学稳等（2003）利用天坑切割现

图1-10　Sarisarinama大漏斗

有的各种地貌形态来推断大石围天坑形成于晚更新世以来；张继淹等
（2006）利用大石围天坑边及周围洞穴中的堆积物孢粉组成特征来研
究天坑形成的地质年代，认为大石围天坑群形成于2500万年前。黄保
健（2007）认为天坑形成年代只能限定于天坑的定型时间，而不应该考
虑天坑形成前后的发展演化过程，通过大石围天坑周壁灰岩的原地宇生
核素^{36}Cl来测定天坑暴露年龄，结果表明大石围天坑形成年代在2万～3万
年前（黄保健，2017）。这个结果在同时利用地貌推断法、地下河溶蚀
计算法进行推断的结果范围内，较为可靠。

　　2016年陕西汉中天坑群被发现，陕西省矿产地质调查中心任娟刚等
（2017）根据汉中天坑群区域构造演化特征，利用磷灰石、锆石裂变径

迹、溶蚀速率数据和从大佛洞、罗汉洞获得的石英宇生核素$^{26}Al/^{10}Be$埋藏年龄数据等分析，汉中天坑群的形成年代在12.6万～18.9万年前。

三、岩溶负地形术语

与天坑发育相关或特征类似的岩溶负地形有落水洞、竖井、漏斗、洼地、坡立谷和溶洞大厅，其定义兹列于下，以备参考鉴别。而要进一步了解岩溶地貌特征和岩溶发育过程以及地下溶洞相关的术语，可参考《岩溶地质术语》（GB 12329—90）和《简明岩溶洞穴学词典》（出版中）。这些岩溶负地形和天坑一起，可以打个比方，如机动车中的三轮车、拖拉机、轿车、巴士、卡车……天坑之于岩溶负地形如卡车之于机动车，这也许可为天坑研究的比较研究和分析提供参考。

落水洞：也叫消水洞，是地表水流潜入地下的消水点。当地下河水位上涨时，地下水流常经落水洞涌出地表，落水洞暂时变为出水洞。落水洞可能有松散堆积物充填，没有明显入口，或有明显洞口，并且有水平的、倾斜的或垂直的洞穴通道相连。落水洞概念强调的是消水点这一部分，而不太关心地下的情形。消水点的下方可能是竖井，也可能是水平洞穴，甚至是溶洞大厅。此外，落水洞不仅见于地表，地下也有落水洞。如广西乐业大石围地下河末端，就是一个大的落水洞，地下河水通过落水洞消失于地下深处。

竖井：因地下水位下降，渗流带增厚，由落水洞进一步向下发育或洞穴顶板塌陷而成的深井状或圆筒状洞穴通道，深度数米至上千米。竖井入口可能位于地表，也可能在洞道底部，底部至少有廊道或洞厅与之相通。竖井有垂直竖井和渗流带复合竖井之分。垂直竖井指一通到底的洞穴，中间没有岩坎或转折；复合竖井有岩坎，但非水平洞道转折，如广西乐业县花坪镇的风岩竖井。

漏斗：又称斗淋，即doline的音译。漏斗是岩溶区呈漏斗状、碗碟状或圆锥状的封闭洼地，直径数米至上千米，深度数米至数百米。有些漏斗底部平缓，绿草如茵，有些漏斗底部块石嶙峋，四周陡壁。区别在于前者主要为地表雨（雪）水溶蚀而成（溶蚀漏斗），底部常有落水洞，后者主要为塌陷造成（塌陷漏斗）。一般来说，没有单一成因的漏斗，溶蚀和塌陷两个因素的主导不同，但总是相伴而生。

洼地：洼地过去一直用depression表示，但depression的意思是地表凹地，而不论其成因和大小。depression应用到岩溶地区，指凡是没有外源水的岩溶凹地形，包括漏斗、干谷、坡立谷、槽谷、盆地和盲谷，甚至溶沟、溶槽，或大或小，统称为洼地。但从中文的意义上讲，洼地更接近漏斗。如我们平常讲的峰丛洼地的洼地，就其与"喀斯特"名词的原产地斯洛文尼亚的相似地形比较而言，其实就是doline（漏斗）。一般来说，depression没有成因概念，但doline一定是岩溶区的，溶蚀是成因。而碳酸盐岩地区溶蚀作用形成的各种封闭负地形总称为岩溶洼地（karst depression），又称溶蚀洼地，在广西称"弄"（lòng）、"岽"（dǎn）。

坡立谷：坡立谷的英文polje是音译，即田野的意思。指底部平坦，在岩溶区内或岩溶区与非岩溶区接触带所形成的具有间歇性或常年性地表和地下排水系统的大型封闭洼地，前者称为坡立谷，后者称为边缘坡立谷（border polje）。坡立谷底部或边缘常有泉水、地下河、落水洞和地表河出露，有时消水不畅，为水所淹，形成间歇性湖泊。有些坡立谷沿主要构造线发育，长度可达数十千米，面积可达数十至数百平方千米；有些仅仅是侧向溶蚀和夷平作用的结果。这种负地形底部常常为松散沉积物覆盖，杂草丛生，或成为人类耕作、居住与建设的场所。如广西乐业县六为坡立谷，谷底北高南低，标高950～985米，长4200米，宽250～550米，呈北西向展布。六为坡立谷北端为下三叠统砂岩、中三叠统砂岩、页岩、泥岩等组成的土山地貌，产生大量侵蚀、溶蚀性强的外源水，有利于在石灰岩地层中形成坡立谷。六为坡立谷两侧山体中可见

5个洞穴，南端有数个消水洞，它们吸纳地表水流，注入地下河系统中。

溶洞大厅：洞穴通道或洞穴系统中最宽敞的洞段，通常形成于洞道节理交叉部位，或单个廊道中。其所在部位节理发育、易于崩塌，在地下河水的溶蚀、侵蚀作用下，导致洞顶大量崩塌并随着大型地下河对大量崩塌物质的搬运，从而大大提高了洞道扩大的可能。溶洞大厅的大小取决于洞顶岩层产状、强度和洞顶形态。如规模居于世界第五的红玫瑰大厅，长300米，宽200米，高220米，底面积58340平方米，容积5.25兆立方米。红玫瑰大厅是大曹洞下层洞顶板崩塌，导致中层洞与下层洞贯通，继而引发中层洞顶板崩塌而形成的溶洞大厅。

第二章　大石围天坑群的调查与研究

　　乐业的天坑主要集中分布在大石围天坑群周围，即百朗地下河的中游。乐业天坑的发现、调查和研究以及开发充满了艰辛，造就了无数动人的事迹，也引起了世界的广泛关注。自 1998 年乐业大石围天坑群被首次探测，乐业天坑的探测和宣传活动一直没有停止过。正是因为众多探险活动的开展，积累了大量宝贵的资料，为天坑理论体系的建立提供了丰富的基础资料，国内外科学家的考察研究成果更是为天坑理论的完善提供了支持。同时，由于乐业天坑的地质和生态环境保存完好，资源丰富，乐业天坑不仅为天坑地质地貌的研究，也为天坑生物多样性研究，甚至为生态环境方面的研究都提供了坚实的基础。

一、地理位置

　　大石围天坑群位于广西百色市乐业县中部。南盘江、北盘江在乐业县西北隅汇成红水河；乐业县北以红水河与贵州省望谟县、罗甸县为界，西隔南盘江与贵州册亨县相望，西南、南与百色市田林县、凌云县接壤，东、东南与河池市天峨县、凤山县相邻。乐业县境东西长71.5千米，南北宽61.5千米，总面积2617平方千米。乐业县是个多民族聚居的地区，以壮族、汉族和瑶族为主体，包括壮族、汉族、瑶族、苗族、布依族、仫佬族、侗族、回族等8个民族，人口16.7万人。乐业县地处广西西北山区，山高坡陡，交通不便，主要交通道路仅为乐业经凌云至百色、乐业经浪平至田林2条二级公路，以及乐业经向阳至天峨、乐业经新化至凤山、乐业经雅长至贵州的三级公路。县城所在地同乐镇距百色市171千米，距广西壮族自治区首府南宁市406千米，距贵州省贵阳市约305千米。目前正在修建的乐百高速公路将打通黔桂两省（区）的西部连接通道，可望使乐业的交通现状得到根本性的改善。

乐业县地处贵州高原向广西盆地过渡的斜坡地带，地势西南高，并向东、西、北三面降低，县域内分布有3片岩溶区，即中部片区、东部片区和东南片区，总面积830.5平方千米，占县域面积的31.7%（黄保健，2001）；以中部片区面积最大，达764.6平方千米，由碳酸盐岩地层和一系列弧形褶皱、压扭性断裂组成，这种地质构造称为"S"型构造。沿"S"型构造的轴部发育有广西四大地下河之一的百朗地下河系统。大石围天坑群就位于这一著名的"S"型构造区域内，天坑群集中分布于这一地带的中间部位，即百朗地下河的中游段。

二、猎奇、探险与科考

人类踏足乐业之前，大石围天坑群早已形成。

第一批落户大石围附近的先民，知晓大石围天坑的存在，其中3～4名无畏的村民为了生计，靠其天生的技能和勇气，攀缘藤蔓上下大石围天坑，采集药材，剥离棕皮制作蓑衣，同时依其体验，赋予自然神秘的力量，添枝加叶，最后演变成神话故事，如"20厘米粗大蟒蛇""坑惹怒神灵""狂风暴雨""大石围佛光"等，代代相传。

这类故事一直延续到20世纪90年代。关于大石围天坑群奇特的故事、独特的地貌及神秘的地下森林引起了广西雅长林场人员的关注，在1995年11月，他们组织《广西林业》杂志编辑部和广西林业勘测设计院的15人，对乐业大石围天坑区域森林植被、地貌进行考察、摄影和录像，并将考察资料刊登在《广西林业》和《中国岩溶》（覃星，1996）。考察资料除了对天坑区域的植被进行记录外，还对位置、规模和地貌特征进行了一般性描述，如"最后从海拔1466米的西峰绝壁边缘用力滚落一块巨石，约47秒石头才能到洞底，听到'响声如雷'"。但对于大石围的内部情况，只能借助于当地老乡的"故事"：坑底"树木的种类很多""藤蔓缠绕，纵横密布""洞底下的蝙蝠展开翅膀时，竟有老鹰展翅那么大""见蟒蛇爬行的痕迹有30～40厘米宽""落水洞很大""洞里有轰轰巨响的水流声"……这是首次由专业人士对大石围天坑这一特殊岩溶地貌留下的记录。

《广西林业》的报道引起了乐业县委宣传部和原乐业县广播电视局、原乐业县文化局年轻干部们的注意，他们怀抱对家乡的热情，希望亲自体验大石围天坑的神奇魅力，并借此宣传乐业。1997年8月，组织了一支10人探险队，对大石围天坑展开探测。但由于探险装备简陋，队员经验不足，对大石围绝壁险境、危机重重的准备工作不充分，探险队员徒手下降绝壁百米左右，险象环生。有的队员扯断树根、藤蔓，有人踏空失控惊出一身冷汗，有人体力透支、疲惫不堪、用牙咬住缆绳、拼命攀爬，忽然石块从头顶飞过，吓得大伙目瞪口呆……（黄和欢，2017）。最终，探险队失望撤回。

与此同时，《广西林业》的报道也引起了广西电视台《发现》栏目记者陈立新的兴趣，他特意咨询文章作者，决定对大石围天坑展开探测，制作一期探险纪录片，其摄友张小宁也想拍摄大石围天坑的风光，共同宣传大石围。1998年春节后不久，陈立新与原乐业县广播电视局取得了联系，3月2日陈立新与张小宁及同事2人从南宁来到乐业。

广西电视台队伍的到来，再次燃起了对乐业充满宣传热情的年轻干部们的热情。纵然第一次对大石围天坑探险失败，心有余悸，但他们重整旗鼓，重新组织了一支联合探险队，队员由来自乐业县委办公室、乐业县委宣传部、原乐业县文化局、原乐业县广播电视局以及《右江日报》、雅长林场的有关人员和刷把村的村民等组成（姚梦琴，1998）。

　　1998年3月4日下午，联合探险队在大石围天坑边的白岩脚屯汇合。3月5日上午，陈立新、张小宁等环大石围天坑进行拍摄，下午则带队下坑探路，傍晚在大石围坑边搭建了营地。3月6日，陈立新、张小宁等带队再次出发，但下降200多米，反倾斜的陡壁已是绝路，只能退回坑口。翌日，探险队特别聘请了当地向导，由白岩脚屯村民唐小欢作向导，陈立新等8位队员先遣布设线路，后由邹茂华、唐仁词、谢清龙、姚梦琴等4位队员运送补给，其余队员在山上协调指挥。"闯过几道险关之后"（黄和欢，2017），探险队12名队员先后抵达坑底原始森林，当晚在地下河入口安营扎寨，随后展开地下河的探测，但限于时间和为队员安全考虑，探险队仅深入地下河2千米左右便折返了。这是人类首次进入大石围天坑开展科考活动，其中原乐业县广播电视局姚瑞英和县委宣传部新闻科姚梦琴为首探大石围天坑的女勇士（图2-1）。

图2-1　首次探险大石围天坑成员合影

大石围天坑首次探险活动结束后，陈立新等给乐业县人民政府做了汇报，得到乐业县人民政府的重视，并计划不久将再进行一次大石围天坑探险活动，彻底摸清大石围天坑的资源情况，为旅游开发服务。

1998年4月，陈立新为此次探险活动制作的纪录片《大石围》在广西卫视《漫步广西》播出；同年4月26日，《右江日报》整版发表了记者何耘夫与乐业县委宣传部新闻科姚梦琴、黄和欢共同撰写的文章《大石围，神秘盖头掀起来》，从此"大石围"的美名不胫而走。

节目播出后，消息为中国地质科学院岩溶地质研究所张美良所获悉，他于1999年8月组织了"99'中日洞穴联合探险"，邀请日本立命馆大学洞穴探险俱乐部的6名队员对大石围天坑进行探险考察。但当时恰逢雨季，大石围天坑地下河水暴涨，探险队无法深入大石围地下河，只能"望洞兴叹"，匆匆撤离大石围天坑。这是外国人首次对大石围天坑进行的探险活动。活动结束后，考察队对"大石围漏斗"的特征进行了一般性的论述（张美良等，2000）。

1999年11月，乐业县委、乐业县人民政府从宣传、广电、旅游、文化、气象、水电、武警中队、林业等部门抽调人员，与广西电视台记者陈立新的《发现》栏目摄制组再次组成探险队，再探大石围天坑。11月9日晚探险队抵达地下河营地。10日探险队开始向地下河深处探测，一路上探险队不仅拍摄了大量洞穴钟乳石景观，还发现了盲鱼和溪蟹等洞穴生物；"探险队不知不觉走过两条地下河交汇处，忽然发现地下河变得越来越急，越来越混浊，涨水了！探险队紧急回撤，但河水上涨太快，原来一跃而过的地方已变成'天堑'，我们不得不冒着危险在陡峭的洞壁上攀缘着往回撤，不幸的是武警中队司务长覃礼广在回撤过程中为了探路而被汹涌的地下河洪水卷走失踪，探险考察活动中断。"（黄和欢，2017）。

同年，中国地质科学院岩溶地质研究所的另一支队伍正在毗邻乐业的凌云县对水源洞和纳灵洞进行勘察，开展溶洞旅游资源调查。调查结束后，经凌云县人民政府申请，中国地质科学院岩溶地质研究所与凌云县政府协商，决定于1999年10月在凌云县召开"第六届中国地质学会洞穴研究会全国洞穴学术会议"。当时乐业县人民政府办公室调入原乐业县旅游局时任副局长姚梦琴参加了会议，姚梦琴觉得这是一个千载难逢的好机会，一定要把专家们请到乐业去，以确定大石围天坑的科研和旅游开发价值，助推乐业的旅游发展。在学术会议的最后一天，等到最后一个代表发言结束后，姚梦琴经与大会秘书处对接，迫不及待地主动登上主席台，向会议代表介绍了乐业县的新发现——大石围天坑群。但由于会议早有既定的日程安排，虽然乐业近在咫尺，专家们不得不对大石围天坑的考察，但是仍为姚梦琴的热情所感动，朱学稳和朱德浩教授同意另外安排时间到乐业考察。

2000年6月12日，朱德浩教授回忆道："我们乘乐业县人民政府派来的汽车早上9点左右离开桂林，晚上到达百色；次日离开百色，下午3点到达乐业县。当天晚7点广西电视台记者陈立新带了4位同志也抵达乐业与我们汇合。""6月14日11点动身去大石围。从县城到大石围路不远，但路况很不好，乘坐的吉普车非常颠簸，为了节省时间，决定考察期间住在乡下。当时大石围一带的居民非常稀少，一个洼地中往往只住有一二户人家。居民用水全靠水窖和山外背水，卫生环境堪忧。而且这些地方也不通电，晚上只能靠从城里送来的蜡烛照明，更谈不上电视了。居民家中甚至见不到一张纸。晚上，我们二位'老人'被安排到老乡腾出的床上睡，而陈立新等年轻人则睡在屋檐下。转移时，因为山路太过崎岖，还得使用马帮驮运。"在有关部门和2000年6月刚成立的飞猫探险队的协助下，朱德浩和朱学稳徒步考察了大石围、白洞石围、穿洞石围、熊家洞、黄猄洞、风岩洞、百朗地下河出口和百中峡谷等（图2-2），初步认定此为世界级的"大型漏斗群"（当时尚未确立"天坑"的科学定义）。"乐业县四大班子领导，听取我们的汇报。对大石围的旅游开发和进一步的调查、评估十分重视，并寄予厚望。原乐业县旅游局时任局长李春明亲自送我们回到桂林，并与中国地质科学院岩溶地质研究所时任所长朱远峰及几位副所长共同协商制定了有关大石围下一步探险与科考工作的相关事宜。"

图2-2　朱德浩教授考察过程中与白岩脚屯村民交谈

1. 中外联合洞穴探险

根据乐业县和中国地质科学院岩溶地质研究所商定的工作安排，后者于2000年10月按计划在凌云县举办的第11次中英联合洞穴探险考察活动的过程中，特意安排一个小组，由英国探险队队长、欧洲洞穴联盟主席杰德·坎平带队前往乐业考察，先后对大石围地下河、风岩竖井、熊家东洞和西洞、沙洞、彭家湾洞等进行了探测，首次探测大石围地下河洞穴2千米，并绘制了洞穴图。2000年底，中国地质科学院岩溶地质研究所黄保健、蔡五田率领中外专家，包括英国红玫瑰洞穴俱乐部的艾琳、罗伯特、詹姆斯，广西师范大学生物学家薛跃规及其工作小组，与乐业飞猫探险队一道开展了区域自然资源普查，一直延续到2001年9月。这是首次对大石围区域进行的综合性调查，共发现天坑17个，测绘地下河洞穴30千米，并对景观资源进行了综合评价和旅游开发规划（黄保健，2001）。

2002年3月，受乐业县人民政府的委托，中国地质学会洞穴研究会时任会长的朱学稳教授与国际洞穴联合会时任第一副主席安迪·伊文斯共同组织了由9个国家28名队员组成的第13次中英联合洞穴探险队，对大石围天坑群展开大规模的科学考察（图2-3）。乐业县全力支持此次探险活动，乐业飞猫探险队通力协作。此次探险旨在对大石围天坑群以及地下河系统进行全面探测，弄清楚百朗地下河的情况，探险队兵分三路，试图分别在上、中、下游3个重点区域探通百朗地下河系统。由于百朗地下河在中游地区埋深太大，且竖井之间连通性差，探测洞穴总长度近40千米，探测竖井40多个，确定大石围洞穴长度为6630米，垂向深度为760米（Campion，2003）。虽然取得了丰硕的探险成果，但是最终并没能将复杂的百朗地下河系统探通。这次最大规模的中外联合洞穴探险活动发现天坑的数量达到23个。探险活动结束后，国际洞穴联合会和中国地质学会洞穴研究会联合授予乐业县"国际岩溶与洞穴探险科考基地"称号。同年，乐业飞猫探险队在百朗地下河系统的下游百中村发现了1个天坑，然后在火卖屯附近又发现了1个天坑，在天坑群南部边缘地带发现了2个天坑，至此，大石围天坑群的天坑数量升至27个，为世界最大的天坑群。

图2-3　当地马帮帮助探险队运送装备至百中营地

2004年8月，中国地质科学院岩溶地质研究所再次邀请日本立命馆大学洞穴探险俱乐部对乐业进行洞穴探险考察，这次探险是大石围天坑群2002年被授予"国际岩溶与洞穴探险科考基地"及2004年初被评为国家地质公园后首次进行的中外联合洞穴探险与科考活动，探险地点主要在百朗地下河南部区域和乐业东部岩溶片区。在大石围天坑群南部区域探险队发现了一条地下河支流，其迹线大致为天坑、竖井连线，由南往北汇入大石围地下河干流；在东部岩溶区，探险队探测了一个300米深的竖井，这一竖井对研究古水文地质有着十分重要的意义。

2005年10月，美国洞穴协会《美国洞穴新闻》（NSS News）杂志主编等3人与乐业飞猫探险队合作进行洞穴探险拍摄活动，在红玫瑰大厅发现新的支洞和地下河以及众多精美的钟乳石景观。

2010年9月，乐业县政府举行大石围天坑科考探险十周年纪念活动，邀请了1998～2002年考察乐业大石围天坑的国内外专家，并与中国地质科学院岩溶地质研究所组织了第23次中英联合洞穴探险考察。此次活动主要是重温过去的探洞过程，并参与乐业科考宣传。

2013年8月，中国地质科学院岩溶地质研究所、美国国家地理、国际洞穴联合会和英国洞穴探险协会共同组织第24次联合洞穴探险考察，旨在对包括红玫瑰大厅在内的国内著名岩溶大厅进行三维扫描。这是首次对溶洞大厅进行更精确的测量，从而将过去传统洞穴大厅的排序，由按大厅洞底投影面积转至按大厅容积进行排序。经过扫描和计算，确定红玫瑰大厅高度220米，洞底投影面积58340平方米，容积5.25兆立方米，居中国第三、世界第五（图 2-4）。

2017年8月，广西师范大学受中国乐业—凤山世界地质公园乐业县园区管理局（以下简称乐业园区管理局）委托，开展地质公园范围内的生物多样性调查，广西善图科技有限公司组成的遥感组在调查过程中，在大宴坪村意外发现了1个形体巨大的疑似天坑。2017年12月，《中国国家地理》杂志记者税晓洁为采编《中国国家地理·广西专辑》关于天坑的文章，来到乐业找到乐业飞猫探险队队长李晋，并约上乐业飞猫探

图2-4 红玫瑰大厅

险队的其他队员，决定一探究竟。非常幸运，这次探险不仅确定了遥感组发现的大宴坪村大白岩垱天坑，而且确认了该天坑是一个坑中坑。随后，乐业园区管理局委托广西善图科技有限公司对大石围天坑群进行无人机航拍和测量，以对大石围天坑群的天坑位置、规模进行重新梳理，结果发现"天坑"数量为38个。通过室内数据整理分析，并与天坑标准进行比对，发现符合天坑标准的数量为29个，其余均为漏斗。这些漏斗包括那些早期被认为是天坑的漏斗，如悬崖、甲蒙、罗家、盖帽、达记、天坑坨等。

2. 国内外著名专家现场考察

2001年4月，乐业县委、乐业县人民政府邀请中央电视台新闻综合频道对乐业天坑进行综合报道。中国科学院地理科学与资源研究所的自然遗产专家宋林华应摄制组邀请前往乐业考察，云南省地理研究所的洞穴探险家刘宏也加入此次活动。在中国地质科学院岩溶地质研究所天坑调查组的带领下，摄制组先后考察了大石围天坑、穿洞天坑、神木天坑、白洞天坑、黄猄洞天坑、熊家东洞和西洞等典型岩溶景观，并予以高度的评价。

2003年10月，《广西乐业大石围天坑群发现、探测、定义与研究》出版，天坑理论体系得以建立并进一步在学术界传播。

2004年9月，中国地质学会洞穴专业委员会与英国洞穴协会在伦敦联合召开"中国洞穴国际讨论会"，本书作者之一在会上做了"中国的喀斯特天坑"的报告，引起了与会学者的极大兴趣，他们提议可否在中国组织一次天坑考察活动和学术研讨会，进一步深化"天坑"理论。经过近1年的国内外组织与协调工作，"2005年中国天坑考察"项目得以如期顺利施行。

2005年10月，来自美国纽约州立大学的Art Palmer 和Peggy Palmer，宾夕法尼亚州立大学的Will White 和Beth White，斯洛文尼亚喀斯特研究所的Andrej Kranjc 和Marija Kranjc，乌克兰国家地质研究所的Alexander Klimchouk，澳大利亚悉尼大学的Julia James，英国赫德菲尔德大学的John Gunn，国际洞穴联合会现任主席和中国探洞项目负责人Andy Eavis 和 Lilian Eavis，英国诺丁汉特林特大学的Tony Waltham 和Jan Waltham，以及中国地质科学院岩溶地质研究所的朱学稳、陈伟海和刘再华，开启了中国天坑之旅。而参与制定本项目的Paul Williams（新西兰）、Derek Ford（加拿大）和Claude Mouret（法国）等专家因个人临行前计划有变未能代表他们各自的国家参加考察。考察团成员2005年10月18日在重庆汇合，在考察了奉节和武隆之后，于10月24日进入乐业考察，先后考察了大石围天坑景区和黄猄洞天坑景区，"因为大石围天坑群的发现和重要的洞穴系统探测，使其闻名天下"，"漫步在大石围天坑边缘小路上，大石围天坑尽收眼底……大石围天坑称得上举世瞩目的天坑景观之一"（Waltham，2005）。10月29日，考察团齐聚桂林，在中国地质科学院岩溶地质研究所内召开"国际天坑研讨会"。各国专家代表就天坑地位、天坑定义、天坑地貌、天坑发育演化和世界其他地区的大型漏斗等方面做了演讲。各国专家代表一致确认了中国喀斯特天坑的世界地位，"天坑"这个科学术语得到了专家们的认可，并以汉语拼音tiankeng为国际同行所接受，使这一学术术语走出国门成为世界性的岩溶学词汇。同时，朱学稳教授和他的同事们在天坑方面的研究工作也为世界各国的岩溶学科学家们所认可和称赞（图2-5）。

图2-5 2005年国际天坑考察组部分专家在大石围合影

继2005年10月成功组织实施"2005年中国天坑考察"项目之后，2008年11月，朱学稳教授再次组织"2008年中国南方峰丛与天坑岩溶考察"项目，应邀参加考察的专家有加拿大Mcmaster大学Derek Ford教授、加拿大Walkerton地下水研究中心Stephen Worthington博士（图2-6）、中国科学院地质与地球物理所张寿越教授、云南师范大学李玉辉教授、广西师范大学薛跃规博士、新华社广西分社陆汉魁以及中国地质科学院岩溶地质研究所张远海副研究员，此外，还有出席"乐业岩溶天坑论坛"的专家及广西水文地质工程地质队莫日升总工程师和广西壮族自治区地质矿产勘查开发局钱小鄂教授级高级工程师。考察团于11月11日抵达乐业，11月12日考察大石围天坑群，包括穿洞天坑、大石围天坑、黄猄洞天坑，11月13日考察布柳河及仙人桥。11月14日，专家们在广西乐业举办"乐业岩溶天坑论坛"，朱学稳教授做了岩溶天坑的专题发言，Derek Ford教授做了"加拿大地质公园的建设"报告，Stephen Worthington博士针对当地的地下河保护问题做了"加拿大

图2-6　Derek Ford教授和Stephen Worthington博士在参观乐业天坑博物馆

Walkerton的水污染治理"报告，以给当地政府在处理类似问题时以借鉴，薛跃规博士做了"乐业天坑与洞穴群生物多样性的保护与利用"的报告，张远海副研究员做了"乐业—凤山世界地质公园申报"的陈述报告，此外，张寿越教授、李玉辉教授、莫日升总工程师和钱小鄂教授级高级工程师也做了发言。此次考察和论坛活动对促进我国南方岩溶的世界地质遗产申报、乐业—凤山世界地质公园的申报及其岩溶景观的开发与保护具有非常积极的意义。

2011年12月，中国地质科学院联合国教科文组织生态与地球科学部全球观测处负责人、国际地质对比计划项目负责人Robert Missoten博士考察大石围天坑群，进一步确认大石围天坑群的世界级特征和价值及乐业—凤山世界地质公园建设的意义。

3. 国内外知名媒体宣传

大石围天坑群自1998年为媒体报道后，先后有广西电视台、中央电视台、福建电视台、北京电视台、陕西电视台、香港亚视、台湾东森电视台、日本广播协会、美国国家地理、《中国国家地理》杂志社、《美国国家地理》杂志社等多家媒体的记者参与科考、探险、拍摄专题电视片、撰写文章、出版专刊，充分展示了大石围天坑群景观的美丽风采。

2001年4月，在中国地质科学院岩溶地质研究所项目组进行乐业旅游资源调查期间，应乐业县委、乐业县人民的邀请，中央电视台新闻综合频道骆汉城率领摄制组前往乐业进行以天坑群为重点的全方位的综合拍摄，邀请了中国科学院地理科学与资源研究所自然遗产专家宋林华研究员，中国地质科学院岩溶地质研究所黄保健、蔡五田，云南省地理研究所刘宏分别进行现场讲解，并在中央电视台第一、第四、第九等频道播出，同期有网易、新华网等多家网络媒体进行现场考察、专家采访等综合报道。

2002年4月，中央电视台记者和编导唐瑞东（艺典）全程参与和拍摄第13次中英联合洞穴探险考察活动，摄制的《大石围天坑群揭秘》于当年10月在中央电视台科教频道播出，该片首次系统揭示大石围天坑群的天坑特征和成因演化。此外，2011年1月中央电视台《地理中国》栏目播出《天坑的秘密》，通过探险队员的亲身经历，讲述天坑探险期间遇到的神秘故事；2011年5月，中央电视台《讲述》栏目通过《讲述：洞穴探险队》展现了飞猫探险队10年探险的成就与故事。

2005年11月，日本广播协会在大石围天坑群拍摄记录片《天坑》，讲述天坑与生物和人类的关系。2012年5月，美国国家地理投资，由英国独立电视台拍摄制作了《广西神秘洞穴》专题片，系统介绍乐业—凤山世界地质公园天坑洞穴的演化历史，尤其将天坑的发育演化以浅显易懂的动漫形式解释得深入浅出。该片于2013年8月在100多个国家和地区播出。

对大石围天坑群甚至广西天坑的考察和宣传,《中国国家地理》杂志社可谓不遗余力,杂志执行总编单之蔷多次亲临广西乐业进行访问。《中国国家地理》2004年10月第10期,《喀斯特专辑》以50页的篇幅,系统揭示了"天坑景观的神秘面纱,用惊心动魄的探险故事,描述了那些生活在特殊地理环境之中的人以及他们四代固守的美丽与哀愁";2007年7月第7期,再次以20页的篇幅刊登《天坑,通向地心》一文,通过飞猫探险队的探险经历,系统阐释"天坑的定义、分布、成因和演变等问题的思考";2018年1月第1期,在《中国国家地理·广西专辑(下)》,通过"最天坑"揭示世界天坑之最,以《世界天坑在广西,广西天坑看哪里?》一文漫步广西天坑群,感受新技术带来的天坑新发现,"以乐业、凤山、巴马、靖西、那坡等地,天坑分布最为密集,从全广西范围来看,广西可谓名至实归的世界天坑王国",而大石围天坑群正是这"王国"的明珠。

三、科学研究综述

大石围天坑群的科学研究至少可分为2个阶段,即天坑群发现之前的区域地质调查研究和天坑群发现之后的综合研究,包括地理、地貌、旅游、生物、环境、气候、水文、体育、文化等多学科研究。

乐业大石围天坑一带及周边地区的地质调查研究工作始于1959年,至1998年已有10多个地质勘查单位在该区域开展过不同比例尺的区域地质、矿产、物化探、水文地质、环境地质调查工作。1959年,原广西石油普查大队开展了1:20万油气普查工作;1967~1972年,原广西第二地质队、原广西第四地质队、原广西地质队,原百色市地质队、原广西215地质队开展了区域煤矿资源和矿产资源调查工作;1970~1974年,原广西区域地质调查队再次开展了1:20万矿产资源普查工作;

1978～1982年，原广西地质矿产局开展了1：20万乐业幅区域地质调查和1：20万乐业幅区域水文地质普查工作；1983年，原广西航空物探队开展了区域1：10万航磁测量；1984年，原广西第二地质队开展了乐业烟棚煤矿勘探工作；1988～1992年，原中南地质勘查局305地质队开展了乐业区域金矿调查工作；1993年，广西区域地质调查研究院开展了1：5万乐业区域地质调查工作。这些工作为后来大石围天坑群的成因机理和发育演化研究提供了极其重要的资料。

1. 地质地貌学研究

1996年，覃星等在《中国岩溶》发表的《岩溶猎奇》中，对黄猄洞天坑和大石围天坑区域的地貌、植物分布情况进行了阐述，拉开了大石围天坑群研究的序幕。2000年，张美良等人对大石围大型岩溶漏斗的形态特征、规模、形成条件、成因进行了初步分析，认识到乐业县大石围岩溶漏斗的规模在世界上排在前5位，形成时受长江水系、红水河水系的发育和地貌切割的作用。但是当时岩溶天坑、岩溶漏斗的区别和定义尚未明确，乐业大石围天坑还被称为大型的岩溶漏斗。2000～2001年，中国地质科学院岩溶地质研究所开展对大石围天坑群旅游资源的普查工作，大石围天坑群的规模、成因和全球性价值逐步被认识。朱学稳于2001年发表的《中国的喀斯特天坑及其科学与旅游价值》一文，首次提出将天坑从大型漏斗中分离出来，使喀斯特天坑合并成为喀斯特形态学中的一个新成员。同时，朱学稳深入地解释了天坑群发育过程与区域水文地质变迁、第四纪构造抬升、岩溶含水层介质与演化、特殊的生境与生态系统演化方面的科学意义。2003年，朱学稳教授通过对乐业以大石围为代表的天坑群的重点研究和实地资料的展示，结合其他天坑特别是重庆奉节小寨天坑、四川大小岩湾天坑和武隆县箐口天坑的实例，重点阐述了天坑的科学含义、等级划分、成因类型和形成条件，并与国外天坑做了简要对比，于2003年10月编辑出版《广西乐业大石围天坑群发现、探测、定义与研究》科学专著，全面总结了大石围天坑群的科学和旅游价值。

为了系统查清大石围天坑群的规模、类型、分布规律、发展演化过程与地质构造的关系及天坑群分布区其他地质遗迹特征，2001～2005年，深入开展大石围天坑群区域研究工作，中国地质科学院岩溶地质研究所、广西区域地质调查研究院和广西师范大学等单位对乐业地区的地质地貌、天坑发育、动植物资源进行了详细的调查研究，形成了大石围天坑群国家地质公园综合考察报告和系列申报材料（黄保健，2001，2002；李振柏，2003），为乐业大石围天坑群国家地质公园的申报和旅游开发做出了贡献。此阶段基本完成了与主要地质遗迹有关的岩性、地质构造、岩溶高峰丛地貌、夷平面、溶洞和新构造运动调查研究，基本掌握了天坑等主要地质遗迹的分布规律、宏观特征、形成条件及科学旅游观赏价值，掌握了地质公园的自然与人为环境本底情况。对于大石围天坑群形成的年代，朱学稳教授在《广西乐业大石围天坑群发现、探测、定义与研究》中提到，根据天坑所在流域的排水量及其水文化学特征资料，在现代气候条件下，奉节小寨天坑和乐业大石围天坑的形成年代均在距今10万年之内。广西区域地质调查研究院李振柏等人根据大石围天坑群洞穴孢粉组成，运用传统地史分析方法，进行区域地质资料分析对比，认为大石围天坑形成过程应始于古新世早期，经始新世的溶蚀溶解作用，于渐新世初出现雏形，在中新世和上新世时期快速崩塌抬升，定型于更新世末期，认为天坑的形成经历了漫长的演化过程。最近的研究根据大石围天坑群^{36}Cl-AMS侵蚀速率和暴露年龄，得到大石围天坑最低暴露年龄为10万～20万年，这与朱学稳教授早期的结论一致，说明天坑在形成过程中经历了漫长的早期地下河阶段，后续的切割和地貌解体最终形成天坑的时间相对较短。

2008～2010年，中国地质科学院岩溶地质研究所对乐业—凤山地区的天坑、地下河、洞穴、天生桥、构造遗迹、地层、植物资源、动物资源进行了系统、科学、完整的调查研究，形成《乐业—凤山世界地质公园综合考察报告》《乐业—凤山世界地质公园申报书》等系列报告，明确了乐业地区世界级地质遗迹是世界最大的天坑群。经调查，大石围核心区天坑总数上升到24个，大石围天坑群成为世界第一天坑群。2010年10月，乐业大石围天坑群国家地质公园与凤山喀斯特国家地质公园一道被并列入世界地质公园行列。

2. 动植物资源研究

（1）植物资源研究

自1998年以来，乐业大石围天坑群逐步受到外界的关注，乐业大石围地区的植物资源调查与大石围天坑群的地质地貌调查、旅游开发同步进行。乐业大石围风景区和广西雅长兰科植物自然保护区内的植物资源价值、多样性等成为众多科研机构的研究重点。2004年，广西大学林学院对大石围天坑群风景旅游区野生观赏植物进行资源普查，研究表明景区共有野生观赏植物201种，隶属89科149属。2007年，广西大学林学院在调查与统计广西雅长兰科植物自然保护区野生兰科植物区系的属、种组成及地理成分的基础上，归纳了其区系特点：①兰科植物种类丰富，居群数量大，是广西兰科植物种类最丰富的保护区；②兰科植物地理成分复杂，热带性质明显，热带属（R）数与温带属（T）数的比值（即R/T比值）达5.00；③兰科植物分布广泛，垂直分布以中海拔为多；④兰科植物生态类型丰富多样，特有性较强，并表现一定的岩溶特有性。吴兴亮等人调查了广西雅长兰科自然保护区大型真菌的种群特征，根据大型真菌与森林的关系，将大型真菌分为针阔叶混交林、阔叶林、竹林、灌丛、草丛中的大型真菌；根据大型真菌的垂直分布，提出了低山带、中山带和山顶带大型真菌的分类方案。2006～2007年，广西大学林学院、广西雅长兰科植物自然保护区等单位联合对雅长兰科植物自然保护区内的野生石斛进行调查，记录了各种石斛的宿主、植株数量、长势、伴生植物、生物学特性、生境类型、海拔、坡向、郁闭度等因子，分析了雅长兰科植物自然保护区内石斛资源濒危的原因，并提出了保护策略。黄承标等根据雅长兰科植物垂直分布带的3个气象站8年监控的指标，明确了兰科植物与气象因子的关系。2009年7月至2011年8月，苏仕林等对大石围天坑群区域内的药用蕨类植物资源进行调查并对其药用价值进行分析，结果表明大石围天坑群区域共有蕨类植物40科84属224种，其中具有药用价值的蕨类植物有37科63属139种。同时，苏仕林挑选蕨类植物中水龙骨科和鳞毛蕨科进行了单独的资源调查和价值分析，表明独特的气候及极少污染的土壤和水文资源使该地蕨类植物中的植物活性成分相对较高（苏仕林，2012，2016）。

2017年，广西师范大学生命科学学院薛跃规研究团队以大石围天坑群为研究对象，通过对天坑内植被与天坑外退化喀斯特山地植物群落开展详细、深入的考察，并进行区系学和群落生态学的对比分析，发现天坑内森林植物群落在立木结构、物种丰富度和多样性、物种优势度等方面显著优于天坑外植物群落；天坑内木本植物群落具有极高的多样性、显著的独特性和原生性质，是退化喀斯特山地景观中的"绿洲"，首次提出喀斯特天坑是中国西南部区域退化山地中乡土植物区系的"避难所"（Su，2017）。这一"避难所"是在现代地质地貌与气候变化、生境片段化以及喀斯特地区石漠化的背景下，因地质成因而产生的"现代生物避难所"。

2016～2017年，受乐业—凤山世界地质公园乐业园区管理局委托，广西师范大学联合中国地质科学院岩溶地质研究所等7家单位共同完成了《乐业—凤山世界地质公园乐业园区生物多样性调查研究报告》，对属于乐业园区的大石围天坑群景区、黄猄洞景区、穿洞景区、罗妹洞景区、布柳河景区等5个主要景区内的植物、动物开展多样性调查。经研究，该园区共有维管束植物177科589属1190种，其中蕨类植物30科63属162种，裸子植物5科10属13种，被子植物142科516属1015种。这次调查系统梳理了目前乐业园区植物区系、植物资源、植被及植物多样性与地质环境的关系，是最全面最深入的一次植物资源摸底调查，反映了大石围特殊的岩溶环境，特别是天坑群特殊的生境，为野生植物的生存繁衍提供了避难所和栖息地。

（2）动物资源研究

随着大石围天坑群国家地质公园、雅长兰科植物自然保护区、乐业—凤山世界地质公园的建立，各保护区域的动物资源价值、动物多样性逐步被重视，各管理职能部门与高校、研究机构联合开展了对雅长兰科植物自然保护区、大石围天坑群景区和乐业—凤山世界地质公园内的动物资源普查和价值论证。

2007年5～6月，华南农业大学对广西雅长兰科植物自然保护区8个洞穴中的动物进行了采集分类，共获标本180多号，隶属4门10纲20目31科36种。洞穴动物的组成以节肢动物为主，占洞穴动物总种数的75%，节肢动物中又以昆虫纲种数最多。洞穴动物的居栖习性以温度适中、湿度大、环境稳定的洞穴分布较多，潮湿洞穴比较浅的洞穴生物多，较深的洞穴比较浅的洞穴生物多。2013年，曾小彪等人调查了大石围天坑群景区内的两栖动物资源，共17种，隶属2目5科10属，其中大鲵、虎纹蛙为国家二级保护动物，其余种类全部被列为受国家保护的有益或有重要经济、科研价值的陆生野生动物。这说明大石围天坑群景区的动物具有重要的保护价值，也是大石围天坑群景区生态系统的重要组成部分。两栖动物区系成分上以东洋界华中区与华南区共有成分占绝对优势，仅有少量的广布成分、华中区成分、华南区成分、西南区成分。2008～2011年，为加强对大石围天坑群景区爬行动物资源的保护，曾小飚等（2013）调查发现爬行动物42种，隶属2目12科32属。大石围天坑群景区分布的爬行动物科、属、种数分别占广西爬行动物科、属、种总数的57.5%、37.6%、25.5%，全国科、属、种数的50.0%、25.8%、10.2%。由此可见，该景区的爬行动物物种多样性较为丰富。大石围天坑群景区独特的地质条件和气候特点，复杂的地形地貌，优越的水文条件，多样的植被类型，为各种生态类型的爬行动物生存繁衍提供了有利的条件，是景区爬行动物多样性较丰富的重要原因。

2016～2017年，《乐业—凤山世界地质公园乐业园区生物多样性调查研究报告》表明，乐业园区已知野生脊椎动物411种，隶属5纲30目98

科241属，其中哺乳纲51种、鸟纲238种、爬行纲54种、两栖纲19种、鱼纲41种，物种十分丰富。从动物区系特征来看，该区具有华中区和华南区的特点，是华中区向华南区过渡的典型地带。具有国家一级保护动物5种，国家二级保护动物42种。天坑特殊的生境为珍稀濒危动物的延续提供了避难所，由此对大石围天坑群景观、生境保护与生物多样性的保护尤为重要。

3. 旅游开发研究

广西乐业大石围天坑群国家地质公园主要地质遗迹为岩溶天坑、溶洞、地下暗河、岩溶峡谷、天生桥、古生物化石、珍稀濒危动植物等，集宏伟壮观的坑体、雄险的悬崖峭壁、珍稀的动植物、幽深旷远的洞穴和地下暗河等旅游景观于一体，包含了自然景观所具有的雄、奇、险、秀、幽、旷、野等7种审美风格类型，美学欣赏价值突出，是一个观赏价值极高的复合型旅游地。2001年3月，为合理保护和开发大石围地区的旅游生态资源，乐业县人民政府委托广西旅游规划设计院和西安市规划设计院编制了《大石围旅游区旅游开发与生态环境保护规划》，为大石围天坑群的旅游开发和环境保护提出了有效的规划设计。2001年9月，广西林业勘测设计院完成了《大石围天坑群旅游资源开发与自然生态环境保护项目可行性研究》。

黄保健（2004）等通过对大石围的野外勘测、洞穴探险、植物资源调查等，综合评价了大石围天坑群的景观资源特性，认为大石围天天坑群塌陷形态特色鲜明、规模巨大、分布密集，景观类型多样，生态环境独特，成景组合配置类型多样，具有观光游览、休闲疗养、生态旅游、科学研究、科普教育、探险猎奇、影视拍摄等价值与功能，其圈闭的绝壁及其围合成的浩大空间和葱郁的地下森林是其他类型的旅游资源不可替代的，是一种新兴的、相对垄断性的旅游资源类型。蒙可泉（2004）等根据《中国森林公园风景资源质量等级评定》（GB/T 18005—1999），总结了黄猄洞天坑国家森林公园风景资源类型、景观特色，并进行综合评价打分，提出了黄猄洞天坑国家森林公园的开发方案。彭惠军（2007）总结了大石围岩溶天坑在旅游开发过程中面临的生态问题，提出了大石围天坑群生态旅游开发策略，应科学分区，开发生态旅游产品，加强生态技术和设施等一系列的方案。李如友（2009）指出大石围天坑群的旅游建设应整合地质遗迹和民俗风情、红色文化等特色旅游资源，设计由以大石围天坑等景点为代表的基础性旅游产品、以黄猄洞天坑为代表的核心旅游产品、以蓝衣壮风情为代表的特色旅游产品、以生态文化村为代表的辅助性旅游产品等构成的地质公园旅游产品系列。李如友提出大石围天坑群具有雄险、奇奥、幽雅的生态旅游特色，蕴藏着丰富的动植物资源，其提出的生态旅游模式成为众多学者推崇的大石围旅游发展模式。柏瑾（2010）等通过发放调查问卷的方式，利用层次分析法评价了大石围天坑群的资源吸引力。他们针对大石围天坑群地质地貌和动植物稀有性、完整性、典型性，提出了大石围天坑群的生态旅游以"生态"和"稀有"为景观资源的形象宣传主题。更有学者提出通过户外竞技运动和大石围天坑群空中热气球游览项目来丰富大石围天坑群的游览参与度。大石围天坑群户外运动挑战赛的开办是利用自然资源增加人文吸引，建立旅游品牌的良好方式。通过优势旅游资源，提高举办地知名度，加强市场开放与营销策划，对打造特色旅游产业知名品牌和推动区域经济社会发展起到良好的示范作用。方忧基于乐业非营利组织（NPO）参与地方旅游项目开发的问题，指出在旅游转型和政府主导旅游企业方面存在的不足，应加大NPO参与景区建设的力度，加强民间组织与政府的沟通，通过丰富旅游产品，升级配套设施，提升旅游宣传营销，使NPO在大石围天坑群的旅游发展事业中起到积极作用。

4. 环境问题及保护研究

2010～2017年，中国地质科学院岩溶地质研究所孔祥胜博士就大石围天坑群区域的大气、土壤、地下河中的有机污染物和重金属沉积进行了长期的研究（孔祥胜，2012，2013）。大石围天坑群区域土壤中的有氯农药和多环芳香烃的浓度呈现天坑底部大于天坑地面的分布特征，这说明大石围天坑群特殊的负地形呈现了有机污染物的"冷陷阱效应"。天坑中空气多环芳香烃的富集过程为天坑地表—天坑绝壁—天坑底部—天坑地下河，随着温度降低或高层下降呈增加趋势，受温度、风速、风向和相对湿度影响，其中温度和湿度是多环芳烃传输分异的主要因子。大石围天坑群地下河沉积物中的多环芳烃浓度进口高于出口，是由于地下河的吸附和沉降作用，地下河环境对污水的多环芳烃起到了净化作用。通过多环芳烃成分谱比较，大石围天坑群的"冷陷阱效应"富集作用使得大石围沉积物的多环芳烃增加。从大石围天坑顶部、底部和地下河岸边土壤中重金属分布特征来看，天坑顶部土壤中铅、镉、镍、铬、砷、汞显著高于天坑底部和地下河岸边土壤，底部土壤中锌、铬、汞显著高于地下河岸边土壤，地下河岸边土壤除汞和镉外，其余金属元素与沉积柱的均值和表层含量基本一致。天坑顶部和底部的土壤金属元素基本代表该河段两岸的背景值。总体来看，天坑河段沉积柱中的重金属一部分来源于地球化学高背景值，另一部分来源于上游人类的活动。

2012年，中国林业科学研究院热带林业实验中心分析了广西雅长兰科植物自然保护区野生兰科植物资源现状，以52属156种的丰度居广西兰科植物分布的首位，但其种类与居群基株数量等分布不均匀，且不连续，呈现出破碎化现象，其中面积较大的局部密集分布区有16处（冯昌林，2012；张治军，2012）。根据野生兰科植物的资源现状及生物生态学特性，针对目前兰科植物保育存在的问题，分析人畜干扰及自然条件变化等不利因素，从兰科植物维持机制角度出发，提出雅长野生兰科植物的保护应以就地保护为主、迁地保育为辅的保育措施与策略（陈新军，2016）。

第三章

大石围天坑群的基本特征

迄今为止，广西乐业大石围天坑群拥有 29 个天坑，包括 2 个特大型天坑、2 个大型天坑和 25 个一般天坑。这些天坑中大部分天坑形态完整，仅有 5 个天坑发生退化。这些天坑主要位于"S"型构造体系中部的宽缓背斜轴部，呈近东西方向带状分布；主要发育地层为上石炭统至上二叠统碳酸盐岩；天坑形态多样，主要有绝壁—陡坡、绝壁—缓坡和绝壁—平底型 3 种类型。

一、天坑群的分布与形态特征

2003年以前，乐业县被发现的"天坑"有27个。此后十多年间，飞猫探险队又发现了3个，使天坑数量达到30个。2017～2018年，乐业地质公园管理局委托广西善图科技有限公司对大石围天坑群进行无人机航拍和测量，以对大石围天坑群的天坑位置、规模进行重新梳理，结果又发现8个"天坑"，使大石围天坑群的"天坑"数量达到38个。但通过室内数据整理分析，并按2005年"国际天坑研讨会"制定的天坑标准甄别，发现符合天坑标准的数量为29个，其余均为漏斗。这些漏斗也包括那些早期被认为是"天坑"的漏斗，如甲蒙、罗家、盖帽、达记、天坑坨等（表3-1）。

表3-1   大石围天坑群（含大型塌陷漏斗）统计表

序号	名称	主要发育地层层位	体积（兆立方米）	坑口大小 W1×W2（米）	天坑深度 D1-D2（米）	坑口海拔 H1-H2（米）	类型
1	大宴坪	P_2m	80.1	1020×410	200～320	1361～1466	D,VL
2	大石围	P_2q	74.5	600×420	510～613	1251～1466	VL
3	大坨	P_2q	35.7	890×320	210～290	1247～1320	D,L
4	黄岩脚	P_3	21.4	660×170	160～230	1027～1106	D,L
5	吊井	P_2m	15.1	380×310	145～215	1309～1469	L
6	茶洞	C_2m	13.3	300×250	155～200	1211～1320	L
7	邓家坨	P_2q	12.8	440×240	220～270	1293～1421	L
8	香垱	P_2m	12.6	310×230	80～167	1326～1348	L
9	十字路	P_2	12.2	410×200	140～260	1219～1278	L
10	穿洞	C_2m	8.8	380×190	175～312	1280～1381	N
11	老屋基	P_2m	8.3	300×260	110～171	1224～1325	N
12	神木	P_2m	8.2	300×270	186～234	1216～1417	N
13	梅家	C_2m	7.4	300×150	150～207	1146～1194	D
14	风选	C_2m	6.9	240×220	110～160	1290～1452	N
15	黄猄洞	P_3	6.3	280×170	140～171	1210～1260	N
16	白洞	C_2m	5.8	220×160	263～312	1207～1321	N
17	打陇	P_3	3.3	240×200	96～125	922～962	N
18	拉洞	P_2m	2.8	200×100	146～215	1345～1425	N

续表

序号	名称	主要发育地层层位	体积（兆立方米）	坑口大小 W1×W2（米）	天坑深度 D1-D2（米）	坑口海拔 H1-H2（米）	类型
19	苏家	P_2q	2.6	230×110	111～167	1340～1450	N
20	盖曹	C_2	1.9	220×110	95～270	1226～1336	N
21	燕子	P_2m	1.7	100×60	180～250	1295～1382	N
22	悬崖	P_2m	1.7	170×110	104～133	1200～1238	N
23	中井	P_2m	1.6	230×110	80～110	1340～1404	N
24	龙坨	P_2m	1.4	180×130	95～115	1326～1395	N
25	大曹	P_2q	1.3	250×140	62～108	1093～1193	N
26	棕竹洞	P_3	1.1	200×120	87～110	1240～1268	N
27	里朗	P_2m	1.0	290×80	51～131	1460～1490	D
28	大洞	C_2m	0.9	120×80	86～194	1013～1069	N
29	蓝家湾	P_3	0.6	120×110	67～130	1046～1135	N
30	甲蒙	C_2h	1.2	90×80	210～270	1226～1286	CD
31	罗家	P_2q	0.7	140×100	71～128	1284～1321	CD
32	白岩垱	P_2m	0.2	50×100	90～100	1261～1276	CD
33	盖帽	C_2m	0.3	70×60	80～100	1244～1326	CD
34	天坑坨	C_2m	0.8	120×120	50～70	1350～1396	CD
35	达记	P_3	0.4	80×60	70～90	960～980	CD
36	风选村	C_2m	0.3	85×75	60～80	1301～1326	CD

续表

序号	名称	主要发育地层层位	体积（兆立方米）	坑口大小 W1×W2（米）	天坑深度 D1-D2（米）	坑口海拔 H1-H2（米）	类型
37	长曹	C_2	0.4	75×65	90～110	1340～1356	CD
38	老英董	C_2	0.4	85×40	40～60	1347～1406	CD
39	阳光大厅	C_2m	3.2	底 180×190	260～365	1310	I
40	红玫瑰大厅	P_2q	5.3	底 300×200	100～220	1200	I

注：1. 表中序号1，13、14、25～29、32、36～38的数据来源于遥感解译，其余数据均来源于实测，所有坑口大小和天坑深度数据均为近似值；2. 表中D代表退化天坑，VL代表特大型天坑，L代表大型天坑，N代表一般天坑，CD代表塌陷漏斗，I代表未成熟天坑。

除百朗地下河下游支流的打陇天坑、上游支流的十字路天坑和盖曹天坑外，大石围天坑群主要集中分布于百朗地下河系统中游段，即同乐镇大曹屯至花坪乡新场屯一带东西长20千米、南北宽4～8千米，约100平方千米范围内（图3-1），与其周围的峰丛、漏斗、谷地、天窗、竖井、消水洞、干洞、地下河等构成颇具特色的岩溶地貌系统。

1. 天坑群的分布

大石围天坑群主要集中分布于"S"型构造体系中部的宽缓背斜轴部，呈近东西方向带状分布，处于大石围天坑北东向"V"形槽谷与大坨天坑—穿洞天坑一带北东向断裂带之间或其派生的张性节理带上（附图1）。天坑坑口集中出现于标高1200～1466米的区间内（表3-2）。

大石围天坑群集中发育于上石炭统至上二叠统碳酸盐岩地层中，从坑口周围的地层来看，这些天坑和漏斗群主要分布于上石炭统马平组和中二叠统栖霞组、茅口组灰岩中（表3-3）。

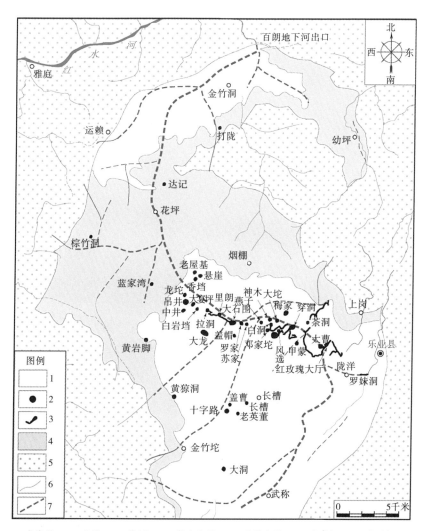

1. 岩溶区；2. 天坑；3. 溶洞；4. 半岩溶区；5. 碎屑岩区；6. 地表河；7. 地下河

图3-1 大石围天坑群分布图

表3-2 天坑（含大型塌陷漏斗和未成熟天坑）高程统计表

天坑分段序号	坑口最低高程（米）	天坑（漏斗）数量	占总数（%）
I	<1100	6	15
II	1100～1200	2	5
III	1200～1300	20	50
IV	>1300	12	30

表3-3　大石围天坑群发育地层分布

地层年代		地层符号	岩石地层	天坑和漏斗名称
系	统			
二叠系	上	P_3h	合山组	黄岩脚、黄猄洞、打陇、棕竹洞、蓝家湾、达记
	中	P_2m	茅口组	大宴坪、中井、神木、吊井、香垱、老屋基、拉洞、燕子、悬崖、龙坨、里朗、白岩垲
		P_2q	栖霞组	大石围、大坨、邓家坨、十字路、苏家、大曹、罗家、红玫瑰大厅
	下	C_2m	马平组	茶洞、大洞、穿洞、梅家、风选、白洞、盖帽、天坑坨、风选村、阳光大厅
石炭系	上	C_2h	黄龙组	盖曹、甲蒙、老英董、长曹

部分天坑的发育地层跨越数个岩石地层单位，比如大石围天坑坑口为上二叠统栖霞组地层，底部却是上石炭统马平组地层。但总的趋势是马平组、栖霞组和茅口组地层中发育的天坑占到天坑总数的80%，而上二叠统合山组地层中发育有5个天坑，石炭统黄龙组地层中只发育1个天坑。说明天坑与地层（岩性）有一定关系。

2. 天坑群的形态特征

（1）天坑形态

天坑坑口平面形态可分为不规则多边形形态和近圆至椭圆形态。不规则多边形形态的天坑有大宴坪天坑、大石围天坑、大坨天坑、邓家坨天坑、黄岩脚天坑、中井天坑、茶洞天坑、香垱天坑、穿洞天坑、老屋基天坑、梅家天坑、风选天坑、白洞天坑、打陇天坑、棕竹洞天坑、拉洞天坑、悬崖天坑、龙坨天坑、大曹天坑、里朗天坑、大洞天坑、盖曹天坑、十字路天坑等。近圆至椭圆形的天坑有神木天坑、吊井天坑、黄猄洞天坑、苏家天坑、燕子天坑、蓝家湾天坑等（图3-2）。

天坑剖面形态由周壁和坑底地形决定，因周壁基本上为悬崖绝壁，

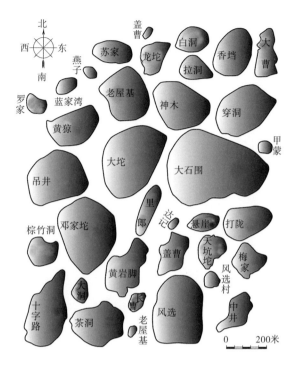

图3-2 大石围天坑群部分天坑平面形态图

所以剖面形态则取决于天坑底部起伏状况，有绝壁—陡坡型、绝壁—缓坡和绝壁型—平底型3种类型。绝壁—陡坡型天坑包括大石围天坑、白洞天坑、大曹天坑、大洞天坑、蓝家湾天坑、拉洞天坑、里朗天坑、打陇天坑等。绝壁—缓坡型天坑包括甲蒙天坑、神木天坑、燕子天坑、穿洞天坑、苏家天坑、棕竹洞天坑、老屋基天坑、香垱天坑、龙坨天坑、吊井天坑、悬崖天坑、盖帽天坑、大宴坪天坑、黄岩脚天坑、梅家天坑、中井天坑、盖曹天坑、十字路天坑等。绝壁—平底型天坑包括黄猄洞天坑、大坨天坑、邓家坨天坑、风选天坑等。

坑底堆积物受改造方式与时间影响，使坑底地形产生较大差异。一般坑底堆积物为崩塌岩块、天坑又与现代地下河有直接的联系时，如大石围、白洞天坑的剖面形态属于绝壁—陡坡型；棕竹洞天坑、老屋基天坑、香垱天坑、龙坨天坑、吊井天坑、悬崖天坑、黄猄洞天坑等底部均为整体堆积地形，底部堆积有较多的黏土而呈现出较为平缓的态势。

（2）天坑与地表地貌关系

①四周为悬崖峭壁所环绕。大石围天坑群最鲜明的特征是每个天坑个体几乎全部被陡峭的岩壁所包围，少数天坑局部因坑底黏土堆积物一直堆至边壁上部或为流水破坏而使边壁坡角变缓，但绝大多数边坡十分陡峭。这是天坑外表上区别于其他坑状地貌的最主要特征之一。

边壁不但陡峭，而且多半高耸，从而使天坑显得格外深邃、险峻。刀削般的绝壁十分醒目，有的呈阶梯状，蕴含了十分特殊的成因信息——塌陷。如果在锥形峰丛山体上塌落，则产生明显的三角面绝壁，就像断层三角面一样，甚为显著。令人不得不惊叹大自然的鬼斧神工。

值得一提的是，在坑底直通地下河的大石围天坑、白洞天坑和大曹天坑中，后两者靠近地下河的那面边壁下部是斜向坑外的，因为其下面为连通地下河洞穴的坑口，此处也常发生岩崩，使得洞口异常高大，同时也造成此面绝壁上下偏移。出现类似现象的还有燕子、黄猫洞等天坑。这是否给我们一个启示，即天坑周壁中呈现这种偏斜现象的那面最靠近地下河。

②切割天坑分布处的各种地貌形态。天坑毫不例外地切割其所在的各种地貌形态（表3-4），包括峰丛、谷地、洼地、洞穴等。不管处于什么地貌部位，其出现于何处就切割何处，最常见的部位是峰丛山体的边坡与谷地、洼地的交接部位，少数峰顶、峰脊被切割，只有大曹天坑正发育在溶蚀洼地之中。各天坑中半座山被切割塌落的现象屡见不鲜，产生了众多的三角面断崖。

③坑体深邃、硕大。天坑由陡峭的岩壁及其围合成的坑体空间与坑底组成，大多由3～6座山峰包围。陡峭、高耸的绝壁造就了天坑的深邃与硕大，最大深度为100～613米，以100～300米为主。

④坑底堆积层发育。大石围天坑群每个天坑底部边缘都堆积有大量的崩塌岩块和地表雨水冲下的黏土混合物，呈相对较陡的斜坡，其余的主体部分上层则堆积有以崩塌岩块为主与以黏土为主的2种堆积物类型，前者如大石围天坑、白洞天坑、神木天坑、苏家天坑、罗家天坑、大洞天坑、蓝家湾天坑、拉洞天坑、里朗天坑、打陇天坑、梅家天坑、

盖曹天坑、中井天坑等，后者有甲蒙天坑、神木天坑、燕子天坑、穿洞天坑、棕竹洞天坑、老屋基天坑、香垱天坑、龙坨天坑、吊井天坑、悬崖天坑、达记天坑、盖帽天坑、黄猄洞天坑、大坨天坑、邓家坨天坑、大宴坪天坑、黄岩脚天坑等，而大曹天坑则介于两者之间，下层情况不详，推测大部分应为崩塌岩块。

表3-4　乐业天坑群切割地貌部位的多样性

天坑名称	地貌部位	天坑名称	地貌部位	天坑名称	地貌部位
大石围	峰坡、谷地	大曹	洼地	老屋基	峰脊、峰坡
大坨	峰顶、峰坡、洼地	邓家坨	峰坡、洼地	燕子	峰坡
白洞	峰坡、峰顶	棕竹洞	山麓、峰顶	黄猄洞	洼地、峰坡
神木	峰坡、谷地	中井	洼地	吊井	峰坡、洼地
打陇、达记	峰坡	十字路	峰坡	香垱	峰坡、洼地
穿洞	峰顶	蓝家湾	峰顶、峰坡	里朗	峰坡、洼地
罗家	洼地、坡麓	龙坨	峰坡、垭口	拉洞	峰顶、峰坡、洼地
苏家	峰坡、洼地	悬崖	峰坡	大洞	峰坡、垭口
大宴坪	峰顶、峰坡、洼地	梅家	峰顶、洼地	风选	洼地
黄岩脚	峰顶、峰坡、洼地	盖曹	峰坡	茶洞	峰顶、洼池

二、天坑特征

1. 大石围天坑

大石围天坑位于乐业县同乐镇刷把村百岩脚屯（图3-3），发育于上石炭统黄龙组和马平组至下二叠统灰色中厚层灰岩中，岩层产状平缓（倾角5～10度）；地貌上位于峰丛和谷地交界处，西侧紧邻北东向的

图3-3　大石围天坑

野猪坨—老场"V"形谷，东侧由北东向弧形岩溶峰丛围绕；构造上处于近东西向平缓背斜轴部，北西向张性断层从天坑坑口东北坑壁穿过，北—北东向和北西—西向节理极发育。

大石围天坑周边均为峭壁，坑口为3座山峰和3个垭口所围绕，平面投影形如鸭梨；东、北二峰以鲜明的三角形断崖为特色，南、北两侧绝壁呈小陡坎状微向坑内倾斜，东侧局部绝壁陡坎略向坑外倾斜，东垭口下绝壁呈反倾斜岩屋状，高达40米，西侧绝壁下可见地下河天窗（图3-4）。

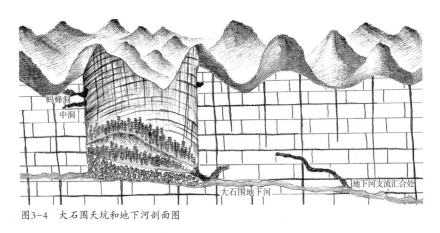

图3-4　大石围天坑和地下河剖面图

大石围天坑底部堆积大量崩塌块石，岩块呈棱角状，大小混杂堆积，东端及西端地下河天窗附近以巨砾为主，块体直径可达10米，其余区域块石直径多不足0.5米，块石表面受雨水溶蚀或为青苔所覆盖。坑底地形由南、北两侧倾斜向中部。总体上，整个坑底由东向西倾斜降低，直通地下河天窗入口。

大石围天坑东西向长600米，南北向宽420米，坑口石峰海拔1440～1486米；坑边垭口海拔1251～1394米；绝壁高度分别为412～569米（以峰顶高度计）和150～287米（以垭口高度计）；天坑最大深度613米（以东峰计），最小深度378米（以北垭口计）；天坑坑口投影面积16.66万平方米，底部投影面积10.5万平方米，天坑容积74.5兆立方米。有关大石围天坑规模的其他数据见表3-5。

表3-5　大石围天坑规模参数

标高（米）	山　峰			垭　口			地下河洞口（天窗）	地下河水面
	东峰	西峰	北峰	南垭口	北垭口	东垭口	897	873～634
	1486	1466	1440	1267	1251	1394		
绝壁高度（米）	东垭口	南垭口	北垭口	北峰		东峰		西峰
	287	150	250	412		458		569
底面坡度（度）	南　侧	北　侧		西　侧		东　侧		东西向
	21～65	30～70		80～90		37～44		1～44
深度（米）	东峰	南峰	北峰		南垭口		北垭口	东垭口
	613	593	567		394		378	521
直径	东西向长600米，南北向宽420米							
面积（万平方米）	顶部面积			底部森林面积				
	16.66			10.5				
容积（兆立方米）	74.5							
实测地下河长度（米）	6630							

　　大石围天坑周壁可见四层洞穴，由下往上分别是现代地下河（第一层）、中洞（第二层）、蚂蜂洞（第三层）和蚂蜂洞上洞（第四层）（图3-4）。

　　现代地下河位于大石围天坑底部，其天窗见于西峰绝壁之下，地下河总体朝北西向延伸，主要由北西、南西向通道间互组成，局部有东西向和南北向，在约4.5千米处地下河水全部消失于落水洞，人无法进入。此处裂点的存在表明地下河的溯源侵蚀作用已到达百朗地下河中游中间地段。中洞为盲洞，位于东垭口下绝壁中央，洞口十分醒目。蚂蜂洞位于中洞斜上方，可从地面穿过山体通向大石围绝壁边，为厅堂与廊道混合式结构。蚂蜂洞出口底部比中洞洞口的底部高65米，与中洞的顶板几乎在同一高程上。蚂蜂洞上洞为向东南延伸支洞。

多层洞穴的分布将巨厚的灰岩地层"切"成相对较薄的层块，对大洞厅上的岩层由下而上地崩塌十分有利。这表明，洞穴分布的成层性对天坑的发育起到"催化剂"的作用，有利于发育规模巨大的天坑。

大石围天坑底部、绝壁及其周围生长着茂密的植物，天坑底部为准原始森林，低处植物几乎均为阴生肉质草本形态，如珍贵种狭叶巢蕨、冷蕨、马兰花、火焰花，罕见的国家二级保护植物乔木木莲和多年生草本植物八角莲（珍稀濒危植物）；中层为灌木层，主要生长植物为棕竹，成片生长；上层以乔木香木莲为主。森林生态环境吸引了大批野生动物栖息于斯，以鸟类为主，亦见飞猫、松鼠等出没。

2. 大宴坪天坑和白岩垱漏斗

大宴坪天坑为2017年发现的天坑，位于花坪镇大宴坪村，天坑底部北东侧为白岩垱漏斗，形成"坑中坑"景观（图3-5）。

大宴坪天坑发育于中二叠统茅口组灰岩中，岩层产状平缓。天坑西侧有北东向断层通过，坑口平面投影呈椭圆形，底部为宽敞的碟状地形；南侧岩壁退化为斜坡，其余崖壁保存基本完好。坑口大小1020米×410米，坑口海拔1361～1466米，天坑深度200～320米。

白岩垱口部长轴100米，短轴50米，深100米，因此其规模并没有达到天坑标准，只能是塌陷漏斗。

大宴坪天坑坑底植被郁郁葱葱，碎石和黏土堆积为茂密植被覆盖，植被以灌丛为主，乔木分布零星。

大宴坪天坑和白岩垱漏斗生动记录了古地下河演化历史，早期古地

图3-5 大宴坪天坑及白岩垱坑中坑

下河形成的天坑逐步走向退化的同时，在天坑底部再次形成了后期的地下河，下层地下河之上形成溶洞大厅，溶洞大厅崩塌形成了白岩垱漏斗，如今白岩垱漏斗也成为古地下河的遗迹，新的地下河再次在下层发育。

3. 大坨天坑

大坨天坑又名流星天坑，为大石围天坑群中第二大天坑，位于同乐镇刷把村垒容屯东北约400米，即白洞天坑北东约1千米的公路边。发育于中二叠统栖霞组厚层灰岩地层，岩层产状平缓；天坑西侧有北东向断层通过。

大坨天坑形成过程中，崩塌切割了4个石峰和1条谷地，4个石峰标高1290～1335米，坑底最低标高1045米，最大深度290米，平均深度263米。大坨天坑坑口呈不规则椭圆形，北东—南西向长890米，东西向宽

320米，天坑容积35.7兆立方米。大坨天坑西南端有一个漏斗，洞口大小110米×80米，深度不足100米。

大坨天坑为退化天坑，其东北侧天坑绝壁退化为崩塌块石组成的陡坡，西侧及南侧为黏土堆积的陡坡，天坑底部中央为以黏土为主组成的缓坡，因此天坑底部平缓区域曾辟为耕地，面积约为6670平方米。大坨天坑南侧建有观景台，可远眺北侧绝壁和群峰。大坨天坑除了东南侧有乔木外，其余区域均为蕨类、草被覆盖（图3-6）。

图3-6 大坨天坑正射影像图

4. 黄岩脚天坑

黄岩脚天坑位于花坪镇南部落花生屯附近峰丛谷地之中，发育地层为上二叠统灰岩和白云质灰岩，地层产状NE∠10度。

黄岩脚天坑呈不规则多边形，坑口标高1027～1106米，北东向长660米，北西向宽170米，天坑深度160～230米，天坑容积21.4兆立方米。东北侧已退化为斜坡，其余周边绝壁基本保存完整，绝壁高度

110～200米。底部西南部与周壁植被茂密，而坑底东北部受人为干扰较大，表现为稀疏的灌丛和蕨类植物。

5.吊井天坑

吊井天坑位于花坪镇吊井屯南东约350米，故得名。由花坪镇有公路至天坑西侧的中井村，交通较便利。吊井天坑发育地层为中二叠统茅口组灰岩，地层产状NE∠20度。附近北西向断裂发育。

吊井天坑坑口平面投影略呈圆形，坑口标高1309～1459米，北西向长380米，北东向宽310米，天坑深度145～215米，天坑容积15.1兆立方米。周边由6座山峰组成，东北峰最高1459米，西侧垭口最低1309米，相差150米。天坑四周为绝壁，西北侧绝壁高达200米，较为壮观。天坑坑底呈多级台阶依次向东下降，坑底为一块600平方米的平地。绝壁与平地之间有较陡的斜坡过渡，斜坡上有大量崩塌堆积物。

吊井天坑四周林木葱茏，唯有底部曾作为农作旱地，天坑生态环境受干扰较大。天坑陡坡上树木茂密，乔木高20～25米；缓坡上草本繁盛；西垭口下至坑底，多见成片人工松林（图3-7）。

图3-7 吊井天坑正射影像图

6. 茶洞天坑

茶洞天坑位于同乐镇火卖屯，与穿洞天坑一山之隔。发育地层为上石炭统马平组至中二叠统茅口组灰岩，地层产状NE∠5～15度。

茶洞天坑坑口平面投影呈近矩形，坑口标高1211～1320米，北东向长约300米，北西向宽250米，天坑深度155～200米，天坑容积13.3兆立方米。周边绝壁完整，以东北侧绝壁最高，达155米，西南侧绝壁较矮，约87米。坑底崩塌块石为茂密植被覆盖。坑底地形由西南向东北倾斜，坑底未见明显溶洞。

茶洞天坑坑底植被茂密，乔木和灌丛相映成趣（图3-8）。

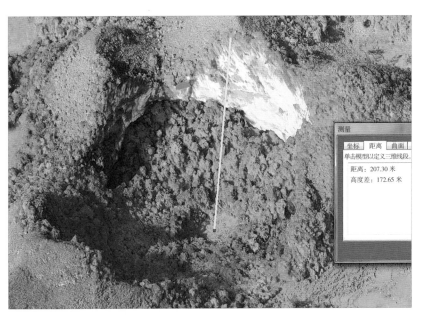

图3-8　茶洞天坑正射影像图

7. 邓家坨天坑

邓家坨天坑位于刷把村垒容屯西南方约1千米，距大石围天坑南东向约2.5千米。

天坑所在地层为上石炭统马平组厚层石灰岩，岩层产状平缓。天坑西侧有北东向断层通过。天坑四周为弧形垄岗状峰丛所包围，北侧、西南侧和东侧为绝壁，其余为陡坡；绝壁高达150米，绝壁面可见蜂窝状溶蚀小洞穴。邓家坨天坑坑边石峰最高海拔1421米，垭口最低标高1230米，坑底最低标高1143米。天坑最大深度为278米，平均深度为222米；天坑南北向长440米，东西向宽240米，天坑平面投影略呈不规则圆饼状，天坑容积为12.8兆立方米。坑底除边缘为崩塌堆积和黏土外，其余大部分和缓平坦，中心部位平底面积达5000平方米，为大石围天坑群中继黄猄洞天坑之后底部最为平坦的天坑。

邓家坨天坑四周林木茂盛，森林群落层次鲜明，以东南侧斜坡最为茂密；植被以大、中、小乔木和灌丛共存。乔木高者20米，直径0.4～0.5米，与中、小乔木争雄斗艳。蕨类植物繁盛，坑底绿丛如茵（图3-9）。

图3-9　邓家坨天坑正射影像图

8. 香垱天坑

香垱天坑位于花坪镇老屋基屯西南约700米。发育地层为中二叠统茅口组灰岩，地层产状NE∠20度。

香垱天坑坑口平面投影呈不规则圆形，体态呈碗形。坑口标高1326～1348米，北西向长310米，北东向宽230米，天坑深度80～167米，天坑容积12.6兆立方米。天坑东南侧呈陡壁到陡坡，逐渐过渡到缓坡坑底的地形，而西南和西侧大部分崖壁保存完整，绝壁高度80～100米。

香垱天坑坑底未见明显崩塌块石堆积，抑或被黏土、植被所覆盖，坑底东南侧缓坡种植有玉米等农作物，其余部分则为茂密的森林所掩隐。

9. 十字路天坑

十字路天坑位于逻沙乡长曹屯西侧400米峰丛山坡之上，与盖曹天坑相邻，发育地层为上石炭统大埔组和黄龙组白云质灰岩，天坑西侧有北东向断层穿过。

十字路天坑坑口平面投影呈卵形，坑口标高1219～1278米，北东向长410米，北西向宽200米，天坑深度140～260米，平均深度226米，天坑容积12.2兆立方米。周边绝壁围绕，西北侧绝壁高达200米，其余部分绝壁高度100～170米。

十字路天坑底部和周壁均为茂密的森林所掩隐，而天坑周边外围则有轻微石漠化，主要植被为蕨类和矮小稀疏的灌丛（图3-10）。

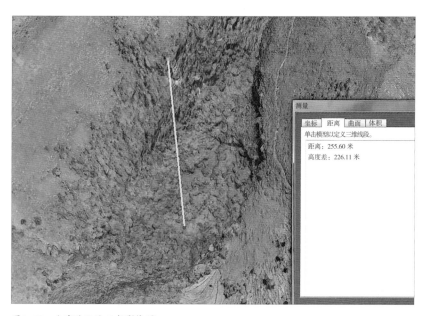

图3-10　十字路天坑正射影像图

10. 穿洞天坑

穿洞天坑位于乐业县同乐镇刷把村竹林坝屯，在大石围天坑群中，唯有穿洞天坑可通过其西南侧穿通山体的溶洞直接进入天坑内，故称穿洞天坑。

穿洞天坑发育于上石炭统马平组和中二叠统栖霞组厚层块状灰岩中，岩层产状平缓，地貌上位于峰丛和谷地交界处。穿洞天坑形成过程中，崩塌切割了部分峰顶和古谷地，周边均为峭壁，四周由6座山峰围成，是天坑群中峰体最多的天坑（图3-11）。

图3-11　穿洞天坑

穿洞天坑坑口平面投影呈不规则多边形，四周峰体标高1280～1381米，底部最低高程1069米，北侧、东南侧绝壁高150～180米，平均高175米。天坑坑口北东向长380米，北西向宽190米，最大深度312米。天坑顶部投影面积7.3万平方米，底部投影面积3万平方米，天坑容积约8.8兆立方米。

穿洞天坑底部堆积大量崩塌块石，呈棱角状，混杂堆积，为坑底森林所掩映。

天坑坑底向东北倾斜，坡角约5度，近中心为一冲沟，沟槽两侧为不对称崩塌岩块组成的边坡，北西侧坡角30度，南东侧坡角为45度。

穿洞天坑发育有3个洞穴，分别位于西南侧、西南端和东北端。西南侧为穿洞，穿洞南洞口与熊家东洞的东洞口隔一小洼地遥相呼应，高程相当，属可连通的同一洞穴系统。天坑西南端为半月洞，半月洞为一洞穴厅堂，大厅上方为天窗，在阳光明媚的正午时分，可见自113米高的天窗射入大厅的光线形成光柱。东北端坑底为梭子洞。

穿洞天坑底部、绝壁及其周围生长着茂密的植物，天坑底部为准原始森林，以中小乔木为主，东北、西南端林木最稠密，西南端林木自山顶至坑底连续分布，为常绿性森林群落，含少量起源古老的蕨类。

11. 老屋基天坑

老屋基天坑位于花坪镇花坪村老屋基屯西约600米，老屋基屯附近集中分布有老屋天坑、香垱天坑、悬崖天坑。老屋基天坑发育地层为中二叠统茅口组灰岩，地层产状NE∠20度。

老屋基天坑坑口平面投影略呈圆形，体态呈碗形。坑口标高1224～1325米，北东向长300米，北西向宽260米，天坑深度110～171米，天坑容积8.3兆立方米。周边绝壁围绕，西侧绝壁高逾100米，其余绝壁高度50～70米。天坑底部被居民辟为耕地，种植玉米等作物，因此原生态环境已无存。天坑周边和周壁森林茂密，发现粗齿梭罗等珍稀濒危植物（图3-12）。

图3-12 老屋基天坑正射影像图

12. 神木天坑

　　神木天坑位于同乐镇刷把村垒容屯，是大石围天坑群中森林最茂密的天坑之一。

　　神木天坑发育于上石炭统马平组厚层石灰岩中，天坑东侧为北东向弧形断裂谷地，西侧为串珠状的北西向大洼地，天坑位于断裂谷地和峰丛洼地交汇处，展示了天坑发育与构造的密切关系。

　　神木天坑陷落于洼地与石峰之间，四周绝壁，天坑底部未见溶洞和地下河通道，天坑周边由2个对峙的山峰和2个垭口组成，地形起伏大，石峰最高标高1417米，垭口最低海拔1191米，最大高差达226米。天坑坑口投影呈不规则多边形，天坑坑口北西—南东向长300米，北东—南西向宽270米；天坑最大深度234米，平均深度186米，容积8.2兆立方米。

　　神木天坑坑底有大量崩塌块石堆积，导致地形起伏不平，总体由西向东倾斜。天坑底部面积约8万平方米，生长着茂密的常绿落叶阔叶混交汇原始林，为所有天坑中森林最茂密者。由于天坑森林繁茂，生态环境优良，所以很适合各种动物特别是鸟类栖息，鸟类品种繁多。因此，神木天坑被誉为"植物王国""鸟类天堂"（图3-13）。

图3-13　神木天坑正射影像图

13. 梅家天坑

梅家天坑位于同乐镇梅家山庄对面公路边的峰丛谷地之中、曾一度被视为漏斗。天坑发育地层为上石炭统马平组和中二叠统栖霞组厚层块状灰岩，岩层产状平缓，北东向断层从天坑西侧穿过。

梅家天坑平面投影呈不规则多边形，坑口标高1146～1194米，东西向长300米，南北向宽150米，天坑深度为150～207米，天坑容积为7.4兆立方米。东侧退化为与峰丛谷地相当，其余周壁基本保存完整的崖壁，且北侧和西侧保留有岩屋状洞口，以北侧岩屋最高，达55米。

梅家天坑靠近村庄，受人为干扰较大，底部大部分为次生林和灌丛（图3-14）。

图3-14　梅家天坑正射影像图

14. 风选天坑

风选天坑位于同乐镇风选村。天坑发育地层为上石炭统马平组和中二叠统栖霞组厚层块状灰岩，岩层产状平缓，北东向断层从天坑西侧穿过。

风选天坑坑口平面投影略呈矩形，坑口标高1290～1306米，南北向长240米，东西向宽220米，天坑深度110～160米，天坑容积6.9兆立方米。东北侧与西南侧石峰对峙，以东北绝壁最高，达150米。

风选天坑底部东半部为茂密的树林，西半部受人为干扰，呈现灌丛和裸地。天坑顶部外围东部为灌丛，西部则为荒山。

15. 黄猄洞天坑

黄猄洞天坑位于花坪镇以南5千米的大寨村，因过去天坑内曾圈养黄猄而得名（图3-15）。

黄猄洞天坑发育地层为中二叠统茅口组浅灰色、中厚层石灰岩，岩层产状平缓。黄猄洞天坑形成过程中，崩塌切割了峰丛浅洼地与3个峰丛缓坡交接部位，因此天坑周边起伏不大，坑口海拔1210～1260米。天坑四周绝壁环绕，坑底非常平坦，标高975米左右。绝壁与坑底之间无斜坡过渡，且底部面积大，站在坑底，反而给人一种开阔舒坦的感觉。天坑坑口北东向长280米，北西向宽170米，最大深度171米，平均深度140米，天坑容积6.3兆立方米。东侧崖壁上两层干洞清晰可见，标高970～1010米和1050～1100米，溶洞呈半充填状，堆积物为纹层状钙华沉积物及河流相砾石层，坑底东侧溶洞长约120米，洞底堆积崩塌块石，无钟乳石类景观。

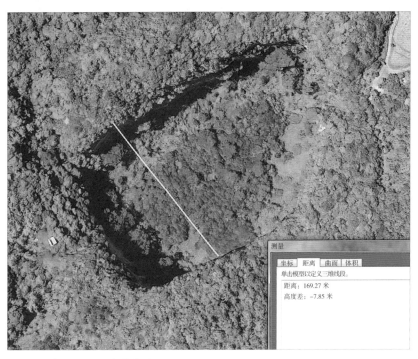

图3-15 黄猄洞天坑正射影像图

黄猺洞天坑崖壁由石灰岩构成，但顶部却曾是砂岩岩盖，岩盖上发育从北往西的小型外源水流，现黄猺洞天坑周围岩盖被天坑破坏。这说明，黄猺洞天坑的发育可能起源于冲蚀性外源水，因此崩塌堆积物为冲蚀水所搬运，导致坑底鲜见崩塌块石堆积，而抑或为较厚黏土堆积所覆盖，平坦开阔。

黄猺洞天坑西侧有一冲沟，雨季可形成瀑布；沿冲沟可进入天坑底部。天坑周边林木繁茂，特别是冲沟附近的乔木高大、挺拔，树径0.4～0.6米，高25～30米。北侧绝壁上，攀壁藤本植物成片分布，其中有4株稀世之宝大扁藤，扁藤宽30～40厘米，长10～20米。

16. 白洞天坑

白洞天坑位于大石围天坑以东约2.4千米，毗邻神木天坑，两者相距约300米，与大坨天坑亦仅一山之隔。白洞天坑因其北侧、东侧绝壁呈白色，因而得名，并成为大石围天坑群中区别于其他天坑的主要标志之一（图3-16）。

白洞天坑发育于上石炭统马平组和黄龙组厚层石灰岩中，南北两侧均有北东向断层通过。天坑处于山坡及其与谷地交接处，四周绝壁。天坑顶部边缘形态近圆形，边缘标高1223～1321米，西侧垭口最低，标高1207米，东侧石峰最高，海拔1321米。天坑东西向长220米，南北向宽160米，坑口平面投影面积21960平方米，最大深度312米，平均深度263米，容积约5.8兆立方米。天坑底部受冒气洞影响，绝壁向南偏移，导致坑口和坑底形态不一。

白洞天坑坑底是一个由北向南倾的斜坡，连接南侧绝壁下的三角形洞口，即冒气洞在白洞天坑坑底的洞口，洞口宽60米，高20米。由洞口先下行100米长的碎石斜坡，在斜坡最低处继续上行长150米、高差105米的碎石斜坡，至碎石堆中心最高处仰望，可见高达260米的冒气洞天窗；碎石堆积体另一侧斜坡底部与现代地下河相连。白洞天坑与冒气洞相距只有400米，已成为一个不可分割的整体。

　　白洞天坑的标志性观赏植物为方竹。但与大石围天坑和神木天坑底部的植被相比，白洞天坑底部森林大为逊色，森林群落不完整，树种数量少，环境也不如大石围天坑潮湿，阴生肉质草本植物种类和数量明显减少，但刺通木、板蓝根仍可生长。

图3-16　白洞天坑

17. 打陇天坑

打陇天坑是百朗地下河流域最北端的天坑，位于幼平乡百中村打陇屯北东约700米。发育于中、上二叠统茅口组和合山组灰岩和白云质灰岩之中，地层产状NE∠10~30度。北东向断层从其西侧而过。天坑东侧为下三叠统逻楼组碎屑岩（图3-17）。

打陇天坑处于山坡之上，坑口平面投影呈不规则椭圆形，坑口直径240~200米，坑边标高781~847米，底部最低标高722米，天坑最大深度125米，平均深度95米，天坑容积3.3兆立方米。坑底崩塌块石呈锥状堆积，未见洞穴。天坑崖壁完整，需用SRT装备方能下入天坑底部。

图3-17 打陇天坑

打陇天坑底部为茂密的原始森林，除乔木外，还有常见种类的野芭蕉、芋、蕨类等灌丛。

18. 拉洞天坑

拉洞天坑位于大燕坪村新家湾屯东约1千米。天坑发育地层为中二叠统茅口组灰岩，地层产状NE∠20度。

拉洞天坑呈长槽形，体态呈不规则锥形。坑口标高1345～1425米，南北长200米，东西宽100米，天坑最大深度215米，平均深度146米，容积2.8兆立方米。东北侧与东南侧山头崩塌成"双峰对峙"的绝壁，绝壁高达150～170米，具有极佳的攀岩用途。

拉洞天坑底部为茂密的树林，崩塌块石完全为林木、阴生草本植物所覆盖，坑底原生态环境保存良好，生长香木莲等珍稀濒危树种（图3-18）。

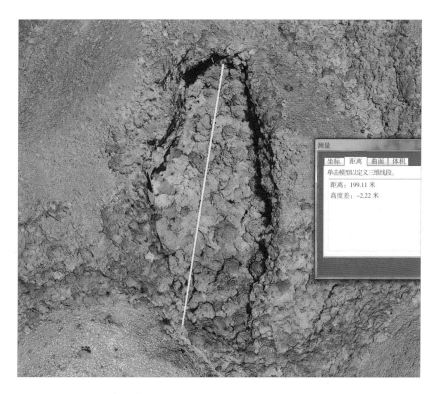

图3-18 拉洞天坑正射影像图

19. 苏家天坑

苏家天坑位于大石围天坑东侧300米，从蓝靛窑村向北登上垭口，穿过狭长洼地，步行15分钟可达苏家天坑。发育于上石炭统黄龙组灰岩，坑壁节理裂隙较为发育。

苏家天坑由北峰、东峰、南峰和3个垭口组成，石峰标高1399～1450米，垭口标高1340～1376米。天坑东西向长230米，南北向宽110米，最大深度167米，平均深度111米。苏家天坑坑口投影呈椭圆形，坑口面积23700平方米；天坑剖面形态呈圆桶形，天坑容积2.6兆立方米。底部崩塌块石和碎石堆积大部分为林木和草本覆盖，坑底未见可延伸的溶洞。

天坑底部森林较茂密，主要为乔木，密度为20棵每100平方米。乔木直径0.1～0.15米，高15～18米，最高25米。坑底珍稀濒危植物有大百合及七叶一枝花（珍稀中草药）（图3-19）。

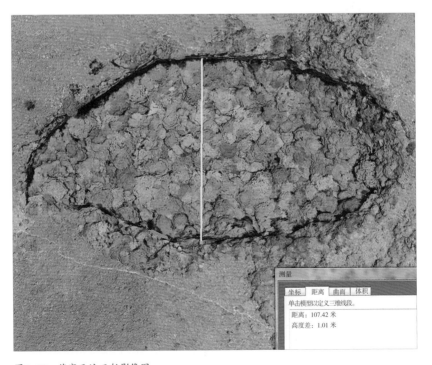

图3-19 苏家天坑正射影像图

20. 盖曹天坑

盖曹天坑位于逻沙乡长曹屯西侧400米峰丛谷地之中，与十字路天坑相邻，发育地层为上石炭统大埔组白云质灰岩，天坑西侧有北东向断层穿过。

盖曹天坑坑口平面投影呈长条形，北宽南窄，坑口标高1226～1336米，近南北向长220米，近东西向宽110米，天坑深度95～270米，平均深度141米，天坑容积1.9兆立方米。除正西侧顶部绝壁稍为陡坡外，大部分周边绝壁保存完整，以东侧绝壁最高，达135米，西侧绝壁最矮，约70米。

天坑底部为茂密的森林，天坑西侧石峰有石漠化现象，而东侧石峰则生长着较为茂密的灌丛和蕨类（图3-20）。

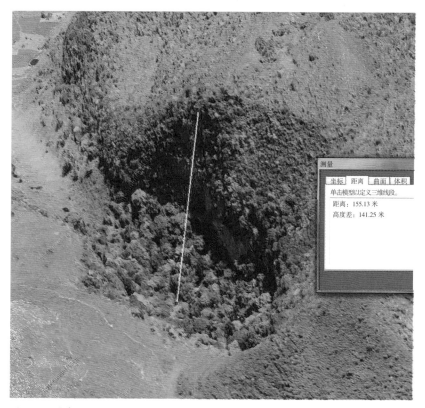

图3-20   盖曹天坑正射影像图

21. 燕子天坑

燕子天坑位于刷把村垒容屯西约1.3千米，西距苏家天坑约1千米，距大石围天坑约2.5千米，因天坑绝壁崖洞内栖息大量燕子而得名。

燕子天坑发育于上石炭统黄龙组和马平组灰岩中，周壁可见近南北向和北西向节理，节理产状NE∠70度。

燕子天坑坑口处于石峰斜坡之上，坑口平面投影近圆形，由于其顶部崩塌不完全，顶部残余岩块状若帽舌，呈岩屋状，而天坑底部投影为不规则形态。燕子天坑口小底大，顶部平面投影面积5450平方米，底部面积1.4万平方米，为坑口平面投影面积的2.6倍，在坑底仰望有"坐井观天"之感。天坑坑口北侧和南侧为石峰山坡，东侧为山脊，西侧为洼地；东侧地势最高，标高1382米；西侧地势最低，标高1295米，坑底最低标高1150米；坑体四周为绝壁，西侧绝壁高80~100米，东侧绝壁高210~230米。天坑坑口北西—南东向长100米，北东—南西向宽60米，天坑最大深度250米，平均深度171米，容积1.7兆立方米（图3-21）。

图3-21　燕子天坑

天坑底部由西北向东南倾斜，坡度4～26度，斜坡底部与坑底溶洞连接，相对高差72米。燕子天坑底部溶洞，长约100米，向东延伸；洞内和天坑底部保存数座熬硝遗址，其中北侧绝壁下两座熬硝遗址保存完好。先人是如何越过反倾斜坑壁而到达燕子天坑底部炼硝，至今还是不解之谜。

燕子天坑植被茂密，坑边多为蕨类，坑底生长大量藤本和草本植物，偶见乔本植物。

22. 悬崖天坑

悬崖天坑位于花坪镇老屋基屯西约400米的缓坡地带，给人感觉是平地中突然出现一个塌坑，非常神奇（图3-22）。天坑发育地层为中二叠统茅口组灰岩，地层产状NE∠20度。

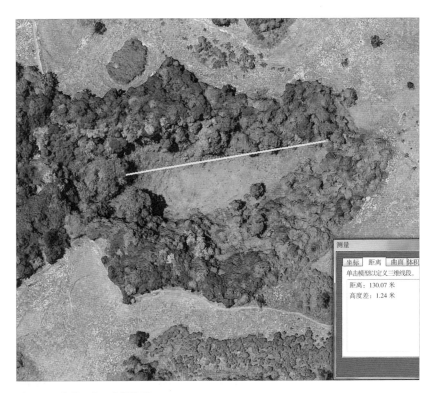

图3-22　悬崖天坑正射影像图

悬崖天坑坑口平面投影呈偏长椭圆形，坑口标高1200～1238米，东西向长203米，南北向宽110米，天坑深度104～133米，天坑容积1.7兆立方米。

悬崖天坑南侧、北侧、西侧为绝壁，绝壁高60米左右，东端为陡坡。天坑底部曾种植玉米等农作物，原始生态环境遭到破坏，今为灌丛覆盖；天坑周边为茂密的准原始林，黄檀藤等木质藤本盘根错节，密密麻麻。

23. 中井天坑

中井天坑位于花坪镇中井村峰丛山坡之上。天坑发育地层为中二叠统茅口组灰岩，地层产状SW∠10度。

中井天坑坑口平面投影呈长槽形，东北宽西南窄，坑口标高1340～1404米，北东向长230米，北西向宽110米，天坑深度80～110米，容积1.6兆立方米。除东南局部呈陡坡之外，绝大部分周边崖壁完整，绝壁高达50～70米。

中井天坑底部植被较茂密，崩塌块石完全被林木所覆盖，天坑西南部石山轻微石漠化，其余区域生态环境保存良好。

24. 龙坨天坑

龙坨天坑位于花坪镇中坨屯南150米。发育于中二叠统茅口组灰岩之中，处于一短轴背斜轴部位。

龙坨天坑坑口平面投影呈不规则多边形，体态呈不规则圆台型。坑口标高1326～1395米，北西向长210米，北东向宽170米，最大深度115米，平均深度95米，容积1.4兆立方米。底部为朝南倾降的斜坡，西南绝壁高，而东北绝壁稍矮。

天坑底部崩塌块石少见，而土层深厚，天坑周边为茂密森林，底部以灌丛为主，乔木呈条状分布。底部曾种植玉米等作物，因此原始生态环境受人类干扰较大（图3-23）。

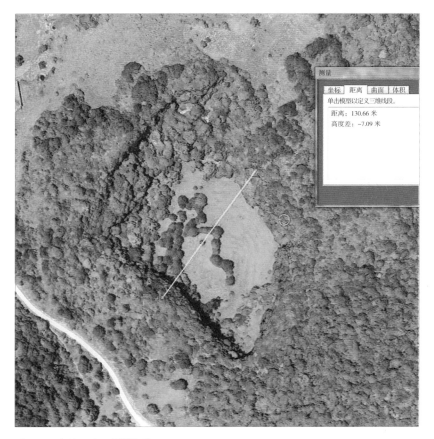

图3-23　龙坨天坑正射影像图

25. 大曹天坑

　　大曹天坑位于同乐镇央林村大曹屯西300米，处于近东西向与北西向、南西向3个洼地交汇处，为发育于洼地中的天坑（图3-24），出露地层为上石炭统马平组至中二叠统栖霞组厚层灰岩。

　　大曹天坑坑口地形起伏较小，天坑周边标高1200米左右。大曹天坑大致呈南北走向，为不规则多边形，南宽北窄，东西两侧绝壁受近南北向张性节理控制，呈不规则转折。天坑坑口南北向长250米，东西向宽140米。天坑底部崩塌块石为黏土和灌丛所掩盖，底部地形总体向南倾斜，天坑绝壁由北向南加深，东南侧绝壁最高108米，北侧绝壁最低，

图3-24 大曹天坑

仅15米，绝壁平均高度46.3米。天坑容积1.3兆立方米。东北端坑底发育溶洞，洞口高80米、宽55米，洞道向北东方向延伸。从洞口进入，为50米碎石斜坡，接近洞体末端隐藏着一个口径1.5米、深30米的竖井，竖井下方为大曹天坑地下河洞穴系统，以世界第五大的红玫瑰大厅为典型特色。

大曹天坑植被以草本和灌丛为主，乔木稀少，仅在天坑西南侧坑底有一小片森林。

26. 棕竹洞天坑

棕竹洞天坑为百朗地下河流域最西端天坑，位于花坪镇陇合朝屯1.1千米林区沟谷之中。发育于上二叠统合山组白云质灰岩之中，地层产状NE∠5～15度。

棕竹洞天坑形似略弯的短冬瓜，坑口海拔1240～1268米。天坑东西两侧大部分为绝壁环绕，天坑东北端和西南端退化为斜坡，坑底较平坦，标高1150米左右。坑口北东向长200米，西北向宽70米，最大深度110米，平均深度87米，容积1.1兆立方米。天坑西北侧绝壁较高，东北侧因流水的冲蚀绝壁较低。坑底有由西朝东倾的斜坡，黏土堆积深厚，曾种植玉米等农作物。天坑周边树林茂密。

棕竹洞天坑因为处于碎屑岩和石灰岩分界附近，其早期形成可能存在岩盖，岩盖上发育了由西北向东南的外源水流，后来岩盖被剥蚀，但其东西两侧仍可见岩盖分布。由此推断，棕竹洞天坑的发育可能起源于冲蚀性外源水，导致坑底堆积大量的黏土，而少见崩塌块石。

27. 里朗天坑

里朗天坑位于同乐刷把村里朗屯，距大石围天坑西约600米，发育地层为中二叠统茅口组和栖霞组灰岩，地层产状NE∠20度。

里朗天坑坑口平面投影呈近南北向长槽形。南北向长约290米，近东西向宽约80米，坑口标高1460～1490米，天坑深度51～131米，天坑容积1.0兆立方米。南北两端退化为陡坡，东西两侧崖壁保存完整，绝壁高51～111米。

里朗天坑底部碎石堆积为黏土或灌丛所覆盖，除天坑北端外，天坑周壁生长茂密的灌丛和部分乔木植被，但坑口外围周边则植被稀疏，以矮小蕨类植被为主（图3-25）。

测量

坐标　距离　曲面　体积

单击模型以定义三维线段。

距离：156.11 米

高度差：130.60 米

图3-25　里朗天坑正射影像图

28. 大洞天坑

大洞天坑位于逻沙乡罗沙谷地北东侧垭口上，为百朗地下河流域最南端的天坑，也是乐业南部唯一的天坑。天坑发育地层为上石炭统马平组灰岩，地层产状NW∠10～20度。

大洞天坑坑口平面投影近椭圆形，体态呈漏斗状。坑口标高1013～1069米，北西向长117米，北东向宽82米，天坑深度86～194米，天坑容积0.9兆立方米。西南侧绝壁内倾，高约100米，底部为一塌石陡坡，向西南倾斜并连接坑底，且通向西南端的大洞竖井。

大洞天坑周壁乔木稀少，大部分为灌丛。需用专用探洞设备探测坑底。

29. 蓝家湾天坑

蓝家湾天坑位于花坪镇中井村北西约2.1千米，分布于林区里。天坑发育地层为上二叠统合山组白云质灰岩，地层产状NE∠5～10度。

蓝家湾天坑坑口呈圆形，四周为外倾的绝壁，坑口标高1046～1135米，北西向长120米，北东向宽110米，天坑深度67～130米，天坑容积0.6兆立方米。

蓝家湾天坑底部崩塌块石较多，掩映在茂密的林木之中，坑底地形总体上由北东朝南西倾。

蓝家湾天坑区域林木葱茏，坑壁乔木贴壁向上生长，成为此天坑一大亮点，有青檀等稀有三级国家保护树种。

第四章

大石围天坑群的形成演化

　　乐业天坑的形成受诸多条件和因素的影响，包括自然地理背景（如温湿多雨的季风气候和大型地下河）、地质背景（如形成天坑的碳酸盐岩分布和地层结构）、有利的地质构造和强烈的新构造上升活动、水文地质条件等。特别是乐业天坑所在的区域呈"S"型构造和广西四大地下河之一的百朗地下河，前者为乐业天坑的形成提供了地下水运移的空间，后者则提供了充足的地下水动力。因此，百朗地下河也被称为乐业天坑发育之母。

一、自然地理背景

1. 气候与水文

　　自古近纪以来，包括大石围天坑群在内的我国西南地区经历了由半干旱、干旱逐步向温暖潮湿转化的气候演变，尤其是第四纪以来，明显的季风气候，丰沛的降水量和水热同期的气候为大型地下河和天坑的发育提供了最基本的动力条件（王乃昂，1994；王晓梅，2005；陈祚伶，2011；刘晓东，2013）。

　　（1）古近纪以来气候特点

　　①古新世至始新世气候（距今6500万～3300万年）。古新世以来（距今6500万年）全球气候呈现逐步温暖湿润的过程，晚古新世（距今5500万年）出现了大暖期，之后全球转为温暖湿润的气候（赵玉龙，

2016）。早始新世时期，全球气候延续古新世变暖的趋势，在距今5200万～5000万年达到了整个古近纪气候的最暖期。距今5000万年之后，早始新世至渐新世时期，气温相对温暖，出现了缓慢的变冷趋势。距今5000万～3400万年，深海温度下降7摄氏度，反映了冰量和温度变化共同作用的结果。晚始新世末期气候已经由早始新世的温暖湿润转变为寒冷干燥。

百色市古新世至始新世末期的气候变化整体上与全球气候的变化相一致，但是存在区域的阶段差异性。古新世至始新世晚期，百色气候整体以温暖湿润为主，局部段呈现气候干旱或向冷干转变的趋势。古新世至早始新世（距今6310万～5280万年），百色市气候为干旱气候，距今5280万～4770万年转变为潮湿偏凉气候，这一时期乐业—凌云一带形成了1700～1800米的剥夷面和第四层溶洞，发育了早期地下河管道，如早期里郎洞和蚂蜂洞的雏型（李振柏，2017）。距今4770万～3850万年为温暖潮湿气候期。距今3850万～3540万年呈现潮湿偏热气候，这一时期蚂蜂洞在原有基础上扩大，在蚂蜂洞的洞壁见多层流水作用形成的水平边槽（李振柏，2017）。距今3540万～3470万年为湿润气候期。始新世晚期至渐新世早期的过渡阶段（距今3470万～3370万年），气候由温暖湿润气候向偏冷偏干的气候转变（袁鹤然，2007）。

②渐新世气候（距今3300万～2300万年）。早渐新世气候快速变冷，全球进入渐新世冰期，渐新世冰期的出现代表了新生代地球从"暖室"期到"冰室"期，地球平均降温幅度达4摄氏度，南极永久冰盖形成和全球海平面下降（肖国桥，2012）。

广西百色盆地的孢粉记录也反映了与全球范围内的海洋和气候变冷事件一致的趋势，始新世晚期到渐新世早期气候逐步变冷变干。始新世中晚期（距今4650万～3540万年），百色盆地植被经历了由常绿阔叶林向常绿落叶阔叶混交林转变，气候从热带湿润型向南亚热带—北热带半湿润偏干型转变（童国榜，2001）。整体上当地的气候属于高温多雨型，但出现明显减温减湿的趋势，与全球的降温趋势相一致。直到渐新世晚期（距今2700万～2600万年），全球呈现变暖的趋势，冰盖开始融化。

③中新世至第四纪气候（距今2300万年以来）。受南亚季风的影响，我国西南地区在中新世早期（距今2200万年左右）已由干旱变得湿润，显示了西南季风的影响（刘晓东，2013）。这种变暖的趋势一致持续到距今1500万年左右，其中距今1700万～1500万年处于中新世的气候最适宜期，气候属于温润型。自距今1400万年以来，由于东南极冰盖持续扩张，海平面下降，在板块汇聚和全球变冷的共同作用下，晚中新世以来气候趋于干旱化（孙继敏，2017）。距今1400万～1000万年，气候区域寒冷干燥。在晚中新世至早上新世（距今1000万～600万年），气候有缓慢变冷的趋势，但是变化幅度不大。早上新世（距今600万～360万年）气候有一个增暖的趋势，全球气候为暖湿型，出现了新近纪红色黏土沉积。在距今360万～260万年，全球气候从总体温湿型转到大幅度冰期—间冰期波动（陆均，2006）。

（2）现代气候与水文

根据乐业县气象局提供的资料，乐业县多年平均降水量1356.4毫米，年均雨日185天；多年平均气温16.4摄氏度，最热月（7月）平均气温23.4摄氏度，最冷月（1月）平均气温7.5摄氏度，多年平均相对湿度83%，多年平均蒸发量1105毫米。总的来说，乐业县气候干湿季节分明，水热同期，雨季为4～10月，雨量约占全年的85%。此外，降水量、气温等气象因子年内、年际间变化不均，且与高程有关，海拔愈高，降水量愈大，气温愈低。这为碳酸盐岩的物理化学风化作用和地下河强烈的溶蚀作用创造了有利条件。

大石围天坑群区域主要河流为百朗地下河（附图2），属珠江流域西江红水河水系，为广西四大地下河之一，由主流和11条支流组成，总长162千米，出口流量分别为3.48～121米³/秒（易求芳，1983）；此外，天坑群外围有红水河、南盘江，红水河为广西壮族自治区与贵州省的界河，南盘江在乐业县雅长乡与北盘江汇合成红水河。百朗地下河是大石围天坑群发育的重要条件之一，最后汇入红水河，汇入处河水面海拔360米。红水河为区域侵蚀基准面和排泄基准面。

2. 地形地貌

大石围天坑群区域属低中山山原地貌，地势高峻，土石山交错，东面、北面、西面为碎屑岩区，西南部及中部为碳酸盐岩区。地势总体自西南向东、北、西倾斜，最高峰海拔1982米。

大石围天坑群区域石峰海拔800～1500米，南部及中部较高，北部靠近区域排泄基准面红水河，地势较低。南部大曹天坑一带石峰高程1200～1300米，局部为1300～1400米，天坑不发育，碟形漏斗较发育，峰丛谷地方向性明显，并呈弧形展布，多呈近南北向张裂隙发育而成（李振柏，2003）。中部大石围天坑和甲蒙天坑之间的区域，石峰海拔1350米以上，最高达1450～1560米，为大石围天坑群区域地势最高地区；峰高谷深，谷地深度普遍大于200米，最深达530米；天坑和漏斗极其发育，并集中分布于2个北东向峰丛谷地之间。北部花坪镇一带包括龙坪和新场2个小区。前者石峰海拔1200～1300米，东侧石峰标高1450～1550米，峰丛谷地方向性不明显，漏斗和天坑均较发育，天坑更靠近百朗地下河中下游；后者石峰海拔西部为1000米左右，东部为1200米左右，峰丛谷地发育，但漏斗和天坑分布零星。

总体上大石围天坑群所在的岩溶区域低于其周围的碎屑岩地层组成的非岩溶区100～600米，形成十分鲜明的碎屑岩山地环抱岩溶地块的地貌格局，从而为相对较低的"S"型地块内岩溶的强烈发育提供了大量的外源水与水动力条件，因而在岩溶区形成自南至北贯穿其中的百朗地下河。地下河南、中、北部均发育有竖井群与漏斗群、洞穴群，其中中北部集中发育大石围天坑群，南部和中部的甘田—武称—乐业县城一带发育一系列大型边缘坡立谷。

综上所述，大石围天坑群具有独特的二元（地表、地下）、四维

（从上游到下游、从分水岭到河谷、从地表到地下、从古到今）结构，
保存和发育了一套完整的岩溶地貌景观系列，在地下河流域的边缘是边
缘坡立谷，从边缘坡立谷往地表岩溶分水岭方向，峰丛逐渐增高，地貌
形态从边缘坡立谷过渡到峰丛谷地和峰丛洼地，地下水的埋藏深度逐步
增大，竖井也越来越深，然后是天坑群的集中分布区（图4-1）。

图4-1　大石围天坑区域峰丛地貌

二、地层与岩性

1. 地层

　　地层是大石围天坑群形成的物质基础和空间载体。大石围天坑群区域出露地层主要为中泥盆统至中三叠统与古近系、第四系地层（表4-1）。天坑群发育地层主要为上石炭统至中、上二叠统碳酸盐岩地层，主要特点是地层厚度大，总厚度2250～3500米，岩性单一，基本无非碳酸盐岩夹层。碳酸盐岩外围为三叠统碎屑岩地层，总厚2500～3500米（李振柏，2003）。

表4-1　地层简表

地层		符号		年代（百万年）	岩石地层	
系	统					
第四系	全新统	Q_4g		0.01～2.60	桂平组	
	更新统	Q_3w			望高组	
古近系	上	Ey		23.3～56.5	邕宁组	
	中					
三叠系	上	T_3l		205～250	兰木组	
	中	T_2b	T_2bf		板纳组	百蓬组
	下	T_1l			罗楼组	
二叠系	上	P_3h		250～295	合山组	
	中	P_2m	Tr		茅口组	生物礁灰岩
		P_2q			栖霞组	
	下	C_2m			马平组	
石炭系	上	C_2h		295～354	黄龙组	
		C_2d	$C_{1\sim2}b$		大埔组	巴平组
	下	C_1d			都安组	
		C_1y			尧云岭组	
泥盆系	上	D_3r		354～386	融县组	
	中	D_2t			唐家湾组	

2. 岩性

大石围天坑群所在区域岩石类型为生物碎屑灰岩、砾屑灰岩、颗粒灰岩和砂屑灰岩。石灰岩中的方解石矿物含量达99%～100%，杂质成分（酸不溶物）仅0.27%～0.92%，岩石质地纯净，有利于大气降水和地下水的溶蚀和溶解。巨厚质纯且广泛分布的石灰岩的存在，是形成数百米至上千米厚包气带的先决条件，有利于岩溶作用向纵深发育，形成规模可观的溶蚀管道，发育成更大规模的地下河，进而在有利部位发育溶洞大厅，为最终演变成天坑创造了雄厚的基础条件。碳酸盐岩地层的广泛分布，为岩溶水文—地貌系统发育的典型性、系统性提供了必要的物质基础，为百朗地下河系的发育提供了拓展空间，而外围广泛分布的三叠统碎屑岩构成百朗地下河的外源水汇水区。

三、地质构造和新构造运动

1. 地质构造

大石围天坑群区域位于右江褶皱系西林—百色断褶带东部。区域构造主要是"S"型构造，褶皱强烈，断层发育。主要表现为岩层发生强烈的弯曲（褶皱）、破裂破碎（断裂）以及地壳的持续间歇上升。

在非岩溶地区，岩层褶皱为紧密式背斜和向斜，轴向总体为北西向。岩溶区褶皱主要为乐业"S"型构造。该构造分布于乐业县境西部，向南延伸入田林县浪平、平山一带，形状极似"S"型，为广西乃至全国最为典型的"S"型构造（图4-2）。该构造是距今2.35亿年印支地壳运动产生的北东—南西向主压应力作用下，导致一对北西—南东向左旋剪切扭应力而形成。在"S"型构造转弯部位的大石围天坑一带，北东向、北西向和南东向几组节理裂隙发育，是天坑群形成的重要原因之一（李振柏，2003）。乐业县境断裂构造主要为乐业—甘田—浪平弧形

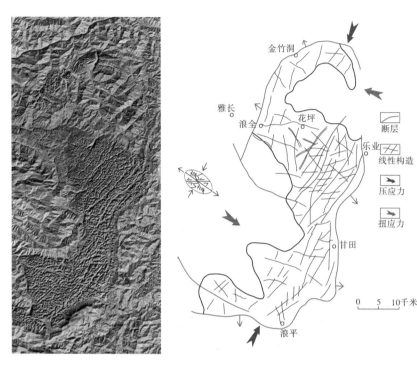

图4-2 "S"型区域影像构造解译图

断裂，地表及卫星影像图上表现为明显的沟谷。断裂东（南）侧地块下降，性质为正断层，是大石围地区高峰丛岩溶倾斜地貌形成的重要因素之一。

　　天坑群位于乐业"S"型构造转弯部位的背斜轴部，在印支期北西—南东向扭应力作用下，北东向断层和节理裂隙发育。特别是近南北向或北东向张性节理裂隙常追踪形成一系列北东向槽谷和"U"型谷。在几组节理裂隙交叉部位，岩石较破碎，破裂面发育，为天坑的发育创造了有利条件。大石围天坑和大曹天坑基本上是沿着近南北向和近东西向两组节理发育而成。

　　在"S"型构造区域内，广泛分布有形成于距今3.5亿～2.3亿年前的一套以浅海相碳酸盐岩为主的可溶岩地层，由老至新依次出露的地层有上泥盆统（D_3）、石炭系（C）、二叠系（P）和下三叠统（T_1），地层基本上连续沉积，总厚度达2250～3500米，而且连片分布，面积达765平方千米。其中上泥盆统—下二叠统灰岩质地较纯，岩层巨厚，有利于岩溶发育，上二叠统—下三叠统为灰岩夹不纯灰岩、碎屑岩。这一套碳酸盐岩自南至北沿甘田—逻沙—武称—乐业—刷把—花坪—运赖—百中—幼平一带呈正"S"状展布。岩溶区外围为大面积连片分布、以三叠系为主的半深海相碎屑岩（砂、页、泥岩）所包围，三叠系总厚度达2718～3802米；岩层产状平缓，除褶皱轴部岩层倾角为15～40度外，大多近似水平状态（李振柏，2003）。

"S"型区域内的地质构造主要由单式褶皱及压扭性断裂组成。压扭性断裂构成其北部、西部边界，"S"型构造主体为呈一系列交接的弧形背斜构造（主要为武称背斜、金竹洞背斜）。背斜轴部的纵张裂隙十分有利于地下河通道的发育。"S"型构造南部在甘田以南西延至凌云县、田林县境内，一系列北东向压扭性断裂被北西向断裂错断，呈密集分布，百朗地下河系统的源头即发育于此种密集分布的断裂切割的地块中。中部逻沙—乐业—花坪段，分布有4条规模较大的北东向压扭性断裂，百朗地下河主流主要沿弧形背斜构造轴部或穿越断裂而过，支流则主要沿断裂发育。北部的花坪—运赖—百中—幼平一带以一系列褶皱构造组成为主，断层虽较少，但地下河主流和百朗峡谷受控于断层。

岩溶地层中的地质断裂是岩溶洞穴发育的优势部位，尤其是裂隙交汇处。本区平缓的巨厚岩层，倾角小于15度，易形成垂直层面的垂向"X"型节理。这种垂向节理十分有利于地表地下岩溶作用的沟通，也有利于岩层自下而上的崩塌和滑落，因此有利于周围陡崖和天坑的形成。特别是"S"型构造由南至北都是平缓的背斜相接，其轴部因发育较深的纵张裂隙，在地下河强烈的溶蚀、侵蚀作用下，在几组节理裂隙交汇部位有利于形成大型洞室，之后随着地壳抬升，地下河下切或改道，水流的浮托力消失，岩层自重力达最高值，并在洞厅顶部形成应力集中区，因跨度过大，洞顶受力超过极限强度导致顶板岩层的不断崩塌并贯通地表而形成天坑，因此平缓的巨厚岩层因发育垂向"X"型节理，对天坑的形成最为有利。29个天坑无一例外地分布于"X"型节理裂隙交汇部位，其中至少有10个明显发育于主断层或断层交汇处。

2. 新构造运动

古近纪以来，地壳的间歇快速上升，导致云贵高原抬升，地表排泄基准面大幅度下降，红水河大幅下切，百朗地下河为适应红水河而下切，其两岸岩溶区形成厚度很大的包气带，进而形成成层性地表地貌、多层性地下洞穴；而在地壳抬升过程中的相对稳定，导致地下河在构造相对发育的位置遭受强烈的溶蚀与崩塌作用，形成溶洞大厅，应力释放过程中其顶部失稳，发生崩塌，其发展由地下到地面从而形成天坑。

浪平—甘田—乐业—金竹洞—浪全区域性弧形大断裂总体倾向外围，其正断层性质，是造成外围地块整体下降，内部地块差异上升，并形成大石围一带岩溶高峰丛和天坑的根本原因。根据桂西地区古近纪出露的海拔和含大熊猫—剑齿象动物群溶洞海拔数据，大石围天坑群及其周边区域的地壳的相对上升速率大致如图4–3所示（李振柏，2003）。

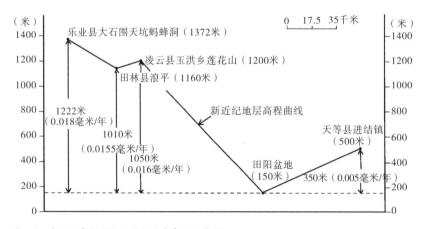

图4–3　广西西部新近纪沉积物分布高程曲线图

在上图中，以田阳古近纪盆地标高为对比基础，田林浪平上升1010米，相对上升速率为0.0155毫米/年；凌云玉洪莲花山上升1050米，相对上升速率0.016毫米/年；大石围地区上升1222米，相对上升速率0.018毫米/年。以大石围天坑一带上升最快（李振柏，2003）。

四、水文地质和地下河系统

1. 水文地质特征

据1：20万区域水文地质资料，百朗地下河流域大致可分为3类含水层组。

（1）碳酸盐岩类裂隙溶洞水

主要分布于百朗地下河流域的中上游地段。包括上泥盆统至中二叠统的全部地层，为连续沉积，总厚度2665～4196米。岩性为硅质团块灰岩、生物碎屑灰岩、白云质灰岩、白云岩等。岩溶发育强烈，构成强富水岩溶含水层，地下河枯期流量2140升/秒。

（2）碳酸盐岩夹碎屑岩类裂隙溶洞水

在百朗地下河流域"S"型构造外环分布上二叠统合山组、下三叠统罗楼组，岩性为生物碎屑灰岩、泥晶灰岩、条带状灰岩、扁豆灰岩、泥灰岩等。岩溶发育程度中等，溶洞、暗河不发育，以裂隙水为主，构成中等富水或水量贫乏的碳酸盐岩，碎屑岩间夹裂隙溶洞水含水层。

（3）碎屑岩类基岩裂隙水

在百朗地下河流域碎屑岩区，分布中三叠统板纳组、百蓬组、兰木组的层位，岩性为砂岩、粉砂岩、泥岩、硅质岩等，形成基岩裂隙水，在裂隙中赋存和以小泉形式分散排泄于溪沟中，流量较小，一般小于5升/秒。

百朗地下河的展布非常明显地受"S"型构造控制，主流沿"S"型构造的背斜轴部发育，支流多沿北东向压扭性断裂发育，具有统一的岩溶含水体以及补给、径流、排泄条件和边界条件，构成一个完整的水文地质单元，形成一个错综复杂的地下岩溶管道系统。由于"S"型构造岩溶区域地势比周围碎屑岩山体低100～400米，因而大气降水在外围碎屑岩区形成地表径流，然后汇流入"S"型区域的百朗地下河系中；在岩溶区，大气降水通过溪沟、峡谷、裂隙、落水洞、竖井、天窗、天坑等渗透途径补给地下水，形成岩溶地下水。因此，百朗地下河起着排泄"S"型区域几乎所有的地下水和地表水的作用。

2. 百朗地下河系统

据1:20万区域水文地质资料和中英第11次、第13次联合洞穴探险资料（Campion，2003），百朗地下河系发源于"S"型构造南部的甘田镇达浪村（海拔1050米），顺北西向张扭性断裂形成支流管道，汇入"S"型构造轴部主管道，转向北东在甘田镇达波村流出地表成明流段（水位标高998米），然后在甘田镇北（8千米处）以伏流形式潜入地下，经武称至陇洋转向北西方向，经花坪，沿构造轴部转向北北东，在运赖东侧转向北东，在幼平乡百中村百朗屯以南约3.5千米处流出地表（标高375米），以明流形式排向红水河（标高285米）。

百朗地下河为广西四大地下河之一，由主流和11条支流组成，总长162平方米，水力坡度9.6‰。枯水期平均流量2.83米³/秒，最小流量2.04米³/秒，最大流量121米³/秒，流域面积835.5平方千米，其中岩溶面积597平方千米，占71.5%（易求芳，1983）。

百朗地下河缺乏较大的地表河流，只在流域南部百朗地下河上游及与非岩溶区相邻的边缘地带为地表水，地表水—地下水频繁转换，局部见到地表河的出露。如在甘田坡立谷，地下水在达波寨流出地表后经甘田、夏福向北流约7平方米，在河边屯又潜入地下。又如在平寨—罗妹洞—牛坪一带的平寨河，也是天坑区内主要的地表河流。在这一地段，百朗地下河上游来水在黑洞流出后，沿途汇集少量地表水和百朗地下河的另一小支流，即龙王洞地下河的水流，向北流至罗妹莲花洞的下层水洞，流出成为数十米明流段，旋即又潜入地下，在牛坪坡立谷内成明流，很快再度潜入地下，此后一直至地下河总出口才最终排泄出地表（表4-2和图4-4）。

百朗地下河因通道中常沉积有碎屑物质，加上局部过水断面较小，造易成洪水期壅水，如逻沙谷地、牛坪坡立谷、六为坡立谷等曾受淹数日。有时，百朗地下河出口期出口发生历时数小时至数日的断流，推断为地下河主河道发生塌顶被堵塞，水流绕道而行所致。

表4-2　百朗地下河系统分段河流特征简表

子系统名称	河段组成名称	简要特征
牛坪洞地下河	阳光段	长150米，宽40米，高25米，水面宽15米；南西侧有大土豆和蝙蝠2个干溶洞段，大土豆洞宽6米，高12米，蝙蝠洞宽5～8米，呈工字型，以洞内有大量蝙蝠得名；河段总体北东向
	莲花盆打击乐段	总体北西向，洞体规模与阳光段相似，河水面时宽时窄，沿岸以淤泥为主
	杨柳井干溶洞段	总体北西向，溶洞高出水面10米，宽30米，长7.5米，洞底为泥面，洞内有巨大石笋4个，直径约10米
	湖区，随波逐流段	总体南西向，与大曹地下河相连，河段有水，水面距洞顶约10米，沿途出现5次湍流段
大曹地下河	大曹—六路坪溶洞段	总体北东向，由上、中、下三层溶洞组成，上层洞长200米，洞底堆积碎石块，标高1060～1080米；中层洞标高940～980米，常见流石坝及高大石笋；下层洞标高920～940米，以泥塑景观为主，中段形成巨大厅堂——红玫瑰大厅（面积约5万平方米、体积8兆立方米），流石坝坡长120米
	地下河段	总体北西向，长约1.5千米，河岸由岩石和泥构成，有蘑菇状泥岸景观
金银洞地下河	全段	入口处位于龙洞湾"U"型谷地两侧的金银洞，总体北东向，长约2.5千米，地下水由北东流向南西，河床基本由卵砾石堆积，枯水期可步行，北东及南西处出现几个大厅及迷宫式洞穴，偶见规模较大的壁流石笋，见有先人留下的灰烬和脚印

续表

子系统名称	河段组成名称	简要特征
黄犸洞地下河	全段	入口位于深洼地半坡上，由洞口下到地下河需150米长的绳索，河道宛延曲折，总体北东向，北东部与大曹地下河相通，主河道宽20余米，高10米，水面宽5米，沿途有许多支流，总长2406米，西段河道水流平缓，可划船行进
白洞地下河	全段	形似不对称的"W"，总体东西向，由白洞天坑、冒气洞干溶洞段和北东向地下河段组成，全长4859米，东部可能与黄楞地下河相连，下游河道沿北东向断崖通过、水道狭窄，上游河道被多个干洞分离，河道内洞体宽8～30米，高10～30米

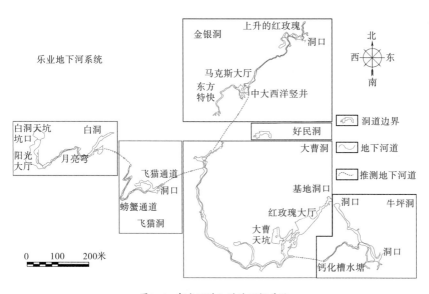

图4-4 部分可进入的地下河系统

3. 地下河和天坑发育

百朗地下河具有惊人的侵蚀、溶蚀和搬运能力，正因如此，它将大石围天坑群崩塌的数亿立方米的块石溶蚀、侵蚀殆尽。可以说，百朗地下河系统是大石围天坑群发育之母，是百朗地下河创造了复杂的洞穴通道系统、巨大的溶洞大厅，为天坑的形成提供必要的地下空间。

　　以冒气洞天窗和红玫瑰大厅为例（图4-5）。冒气洞天窗位于白洞天坑南侧，天窗高达365米，底部是直径180米的溶洞大厅，大厅中央为150米高的崩塌块石堆积体，因常见地表小洞口处的阳光照射，而名为"阳光大厅"。阳光大厅底面积约2.7万平方米，容积约3.2兆立方米，底部岩块岩性与周壁围岩崩塌体相同，大小混杂，无分选性，呈尖棱角状，未遭受溶蚀，堆斜坡下连着地下河，说明是近源堆积，考虑其岩性与洞穴围岩相同，显然，这些碎石是原先地下河水在此形成的大洞厅顶板岩层崩塌的产物，且为洞道脱离地下河水面后才发生崩塌（李振柏，2003）。目前，冒气洞天窗直径只有16.5米×10米；若继续崩塌扩宽洞顶坑口，即成为天坑。进一步假设，白洞天坑至冒气洞天窗间的岩体完全崩落，两者贯通将形成一个超级天坑。

　　红玫瑰大厅位于与大曹天坑联系密切的大曹地下河系统的大曹—六路坪洞道的中段。此处中层洞与下层洞互相贯通，红玫瑰大厅可能是下层洞顶板崩塌贯穿中层洞，继而引发中层洞顶板崩落的结果。大厅底部堆积有高达数十米的崩塌岩块，岩块呈尖棱角状，杂乱堆积，表面未见

图4-5　大曹天坑和红玫瑰大厅剖面图

溶蚀痕迹。红玫瑰大厅长300米，宽200米，三维扫描显示底面积58340平方米，容积5.25兆立方米。如果红玫瑰大厅顶板完全崩落贯通地表，则又为天坑群增添一位新成员。若大曹天坑与红玫瑰大厅之间的岩体塌落，则形成坑口面积比大石围天坑更大的超级天坑。

冒气洞天窗和红玫瑰溶洞大厅的发育特征成为塌陷型天坑形成原理与发育阶段的突出例证，塌陷型天坑与溶洞大厅是一个演化序列不同阶段的产物，即天坑是在地下溶洞大厅的基础上进一步发展而成的，所以说，地下溶洞大厅与天坑的关系是发展先后的序列关系（黄保健，2002）。

五、大石围天坑群的演化历史

大石围天坑群区域地貌是在地球内、外营力作用下和有利的地质地理条件相互配合下，在漫长的地质时期中逐渐发育、演化而成。据1∶20万区域水文地质资料，大石围天坑群所在的广西西北地区的地质演化可追溯到早泥盆世晚期，当时地壳在拉张机制作用下裂陷加剧，形成右江盆地，出现"沟""台"交错的古构造格局（图4-6）（李振柏，2003）。

中泥盆世（距今3.88亿～3.77亿年）：广西西北地区基本为浅海近岸潮坪环境，海岸地形起伏不平、海水闭塞、循环不畅，形成一套数百米厚的白云岩和白云质灰岩。

晚泥盆世（距今3.77亿～3.62亿年）：广西西北地区仍为浅海环境，由于地壳开始发生微型扩张，形成不同方向的海沟。乐业甘田海沟沉积了一套较深水的硅质岩和扁豆状灰岩，其余广大地区沉积了一套厚千米的浅水石灰岩。

早石炭世至晚二叠世（距今3.62亿～2.45亿年）：广西西北地区仍为浅海，不同之处是甘田海沟进一步扩散加深，形成田林利周—什良—

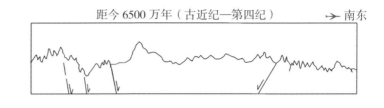

距今 6500 万年（古近纪—第四纪）　→ 南东

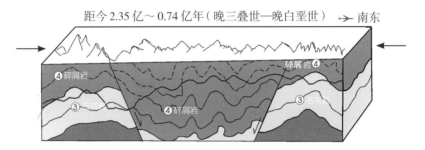

距今 2.35 亿～0.74 亿年（晚三叠世—晚白垩世）　→ 南东

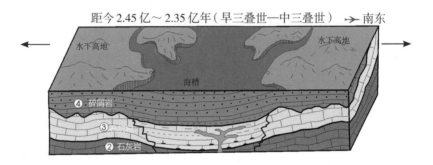

距今 2.45 亿～2.35 亿年（早三叠世—中三叠世）　→ 南东

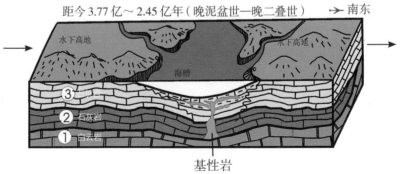

距今 3.77 亿～2.45 亿年（晚泥盆世—晚二叠世）　→ 南东

图4-6　区域地貌演化图

甘田—天峨向阳巨大的北东向海槽和一系列不同方向的海槽。由于海底扩散，乐业与凌云之间水平距离加大，海底地形起伏不平，深处变为海槽，浅处沦为水下高地（孤立台地）（图4-7）（苟汉成，1985；周怀玲，1994；王国芝，2002）。此时，广西西北地区水下高地主要有乐业—浪平、凌云—罗楼和平乐—金牙3处。由于海底扩张，田林和什良一带海槽中，除沉积一套深水碳酸盐岩组合外，还伴随中基性岩浆的侵入。在浅水弧台地区，由于海水清澈透明，光照充足，沉积了一套厚达3000余米的碳酸盐岩，成为广西西北高峰丛地貌和大石围天坑群形成的物质基础。

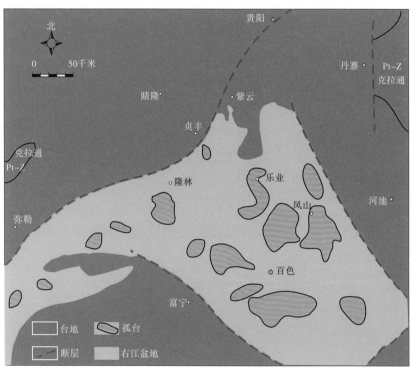

图4-7 右江盆地古地理格局

　　早三叠世至中三叠世（距今2.45亿～2.35亿年）：地壳进一步扩张加深，广西西北地区全面沦为较深水盆地或深水盆地。区别是地壳运动加剧，海平面快速下降，酸性和基性火山活动加剧，浊流作用频繁发生，海盆沉积了厚达3000～6000余米的陆源碎屑浊积岩，并将石炭纪、二叠纪碳酸盐岩地层全部掩埋。

晚三叠世至晚白垩世（距今2.35亿～0.74亿年）：在太平洋板块和印度洋板块两大板块联合作用下，印支造山运动爆发，强烈的印支造山运动使地壳强烈褶皱成山，海水全面退出，结束广西西北的海洋沉积历史，奠定了广西全境地质构造的基本格架，同时开启内陆河湖相沉积新阶段。受燕山运动第二幕（距今约9600万年）影响，本阶段地壳运动频繁发生，广西西部地区自南东向北西发生差异抬升，早期断裂复活、节理裂隙进一步发育。同时形成大致由南向北一定方向性的地表径流；上升快的地区普遍受强烈剥蚀，下降大的低洼地区则接受河湖相沉积。大石围天坑群一带，由于地壳的快速上升，晚石炭世以上地层全部遭受剥蚀。根据浪平和蚂蜂洞内古近纪沉积物直接与上石炭统马平组灰岩不整合接触，说明该地区被剥蚀的地层厚达4000米。

晚白垩世中晚期（距今7400万～6500万年）：广西西北地区相对平静，地表方向性径流（即由西南流向北或北东）更加明显，在一些盆地、洼地堆积了50余米厚的粗碎屑物质，如紫红色砾岩和泥岩。

古新世初期（距今6500万年）：受燕山运动第四幕的影响，"S"型地质构造最终成型。在经历了侏罗世—白垩世长达1.3亿年的剥蚀后，碳酸盐岩逐渐露出地表，开始岩溶作用。乐业—凌云一带形成了1700～1800米的剥夷面和局部形成了高程大于1225米的高层溶洞，如初始的里朗洞和蚂蜂洞。但此时蚂蜂洞表现形式为消水洞。

始新世初期（距今约5000万年）：由于太平洋板块、印度板块向欧亚板块俯冲碰撞，发生喜马拉雅运动第一幕，蚂蜂洞在原有基础上加宽加深，形成上层地下河通道；同时因为底部地下暗河未彻底贯通，导致消水不畅，伴随缓慢的间歇式地壳抬升和水动力的变化在蚂蜂洞洞壁留下多层边槽，在蚂蜂洞对面的大石围坑壁相对应高度上残留老鹰洞，遗迹崖壁大量的胶结砾岩堆积可能是早期消水洞内部堆积的残留。

渐新世早期（距今约3000万年）大石围地区大幅度上升，侵蚀基准面快速下切，蚂蜂洞上层地下河洞道扩大并发生部分崩塌，可能有上层大厅形成（图4-8）。

渐新世后期（距今2500万年）：由于上层地下河崩塌，导致蚂蜂洞洞口部位地下河水流动受阻，形成陆源碎屑堆积。

中新世初期（距今2300万年）：喜马拉雅运动第二幕开始，地壳上升加剧，形成云贵高原，原先形成的夷平面地貌受到改造、解体，并逐

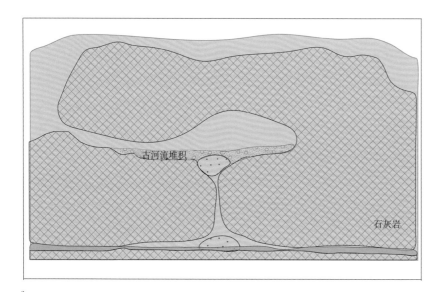

a

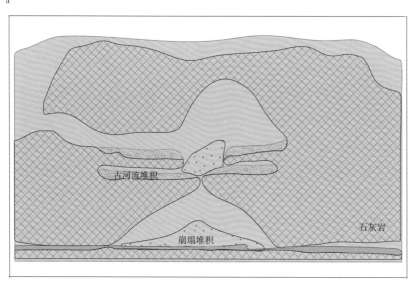

b

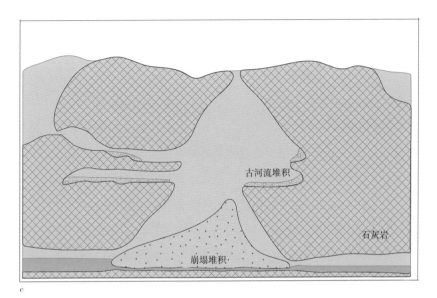

c

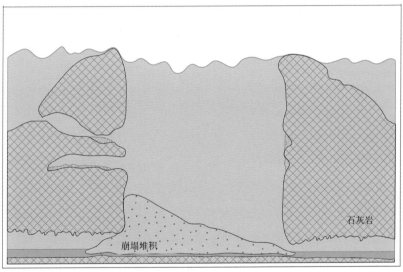

d

图4-8　大石围天坑演化示意图

　　渐发育高峰丛地貌，高层溶洞变成干洞。由于抬升幅度差异，形成云贵高原至广西盆地的岩溶斜坡。之后地壳相对平静，形成了高程1200～1300米的夷平面和1000～1200米的洞穴层。早期一些地表汇水谷地扩大沟通，形成了红水河。蚂蜂洞地下河末端竖井通道扩大，由于溶蚀作用的增强，消水洞扩大，但在下部壅水形成中洞。下层地下河进出口彻底贯通，水流渐由承压状态向自由水面转变，地下河成为天坑形成过程的排泄通道。

上新世时期（距今530万~260万年）：地壳发生明显抬升运动，下层地下河发生崩塌并不断扩大。

更新世初期（距今260万年）：发生喜马拉雅运动第三幕，地壳频繁间歇上升，区域侵蚀基准面红水河不断下降，百朗地下河为适应侵蚀基准面，即下降的红水河也发生强烈的下切作用和水系袭夺，最终形成统一的百朗地下河系统，导致岩溶向纵深发育，形成竖井、天窗等竖向岩溶形态。同时蚂蜂洞大厅和下层地下河大厅上下贯通，形成超级大厅。

更新世中期（距今150万~100万年）：在地壳抬升的间歇期，则形成了如今高程1200米以下的夷平面及1000米以下众多的溶洞、坡立谷、洼地、谷地等地貌。大石围天窗形成。

更新世末期（距今约50万年）：超级大厅崩塌露出地表，大石围天坑群形成。

全新世（Q4）以来，地壳仍在上升，峰丛地貌仍在继续发育。

一般来说，大石围天坑的形成经历了地下河阶段、地下崩塌大厅阶段和天坑出露地表3个阶段。比如大石围天坑群的大曹天坑与红玫瑰大厅，早期形成上层地下河通道，后来形成下层地下河通道和大厅，然后下层洞道崩塌导致上下通道合二为一形成超级大厅——红玫瑰大厅，将来如果红玫瑰大厅崩塌出露地表，就是一个天坑。大石围天坑的演化可能也是这样的过程，早期蚂蜂洞地下河通道中间发生壅水形成中洞，后期形成现代大石围地下河和地下大厅，下层地下大厅和上层洞道发生崩塌合二为一，形成超级大厅，最后超级大厅崩塌形成大石围天坑。

因此，不仅是大石围天坑，而是天坑群和区域内集中分布的峰丛洼地、天坑、洞穴、地下河系统，完整地再现了自古近纪至今的地壳演化历史。

第五章

地质遗迹多样性

乐业天坑是百朗地下河流域系统最突出的地质遗迹，除此之外百朗地下河流域还保存有众多其多类型的地质遗迹，包括气势磅礴的地表岩溶地质遗迹、类型丰富的地层古生物遗迹、岩石遗迹和区域构造遗迹及神秘幽深的地下岩溶地质遗迹等。这些地质遗迹中有世界级地质遗迹5处、国家级地质遗迹4处、省级及以下地质遗迹82处，为当地建立国家地质公园及为申报联合国教育、科学及文化组织世界地质公园提供了基础。

一、地质遗迹概念

地质遗迹（geological heritage）是建立在地质多样性基础之上，保护一个国家、地区或地质公园的重要的地质点（geosites）。而地质多样性（geodiversity）是对应于生物多样性的非生物特征类型，即"地质（岩石、矿物、化石）、地貌（地形、自然现象）、土壤和水文等多种多样的自然景观（多样性）及其组合、结构、系统和对景观的作用"（Gray，2013），它包括5000多种矿物、数百万种化石、2万多种土壤、多种多样的地貌成因类型、多种多样的地形。

大石围天坑群是岩溶地质多样性中重要的地质遗迹之一，其他如峰丛、峰林、坡立谷、溶洞、地下河等均为大石围天坑群区域重要的地质遗迹类型，对促进区域旅游经济可持续发展、科普教育具有重要的保障作用。

二、地质遗迹类型

　　大石围不仅拥有全球最集中分布、数量最多的天坑群，而且还保存有最完整的早期大熊猫小种的头骨化石、气势磅礴的地表岩溶地质遗迹（包括峰林、峰丛、岩溶峡谷和坡立谷）及类型丰富的地层古生物遗迹、岩石遗迹和区域构造遗迹等，还有神秘幽深的地下岩溶地质遗迹（包括地下河、溶洞、溶洞大厅、竖井和典型而精美的洞穴沉积物）。根据中华人民共和国国土资源部发布的中华人民共和国地质矿产行业标准《地质遗迹调查规范》（DZ/T 0303—2017），园区地质遗迹可分为2大类7亚类91个地质遗迹点，详见表5-1。

表5-1　大石围地质遗迹类型

大类	亚类	典型地质遗迹	数量
基础地质大类	古动物化石产地	大石围天坑蜓类化石遗址、蒋家坳腕足类化石遗址、水井坳叶状藻化石遗址、熊猫化石洞	4
	沉积岩剖面	蚂蜂洞新近纪剖面、里朗洞新近纪剖面	2
	断裂	大石围天坑断层、大坨天坑断层	2
	层型剖面	大石围平行不整合遗址、蒋家坳平行不整合遗址	2
	矿床露头	烟棚煤矿	1
地貌景观大类	碳酸盐岩地貌	峰林　同乐峰林、甘田峰林	2
		峰丛　大石围峰丛、火卖峰丛	2
		岩溶峡谷　百中岩溶峡谷	1
		边缘坡立谷　花坪边缘坡立谷、同乐边缘坡立谷、下岗边缘坡立谷	3
		坡立谷　六为坡立谷、牛坪坡立谷	2
		天窗　白竹洞天窗、穿洞天窗、蜂子坳天窗群	3
		天坑　大石围天坑群（见第三章）	29
		漏斗　甲蒙、罗家、白岩垌、盖帽、天坑坨、达记、风选村、长曹、老鹰董等	9

续表

大类	亚类	典型地质遗迹	数量
地貌景观大类	碳酸盐岩地貌	洞穴	罗妹洞、大曹洞、陇安洞、蜂子垱洞、金银洞、牛坪洞、老虎洞、飞猫洞、飞虎洞、迷魂洞、熊家西洞、熊家东洞、冒气洞、蚂蜂洞、中洞、大石围地下河洞、穿洞、风岩竖井、天坑洞竖井、木根洞、西口洞、爱洞	22
		溶洞大厅　红玫瑰大厅、阳光大厅	2
		碳酸盐岩遗迹　大石围天坑C_2h灰岩、大石围天坑C_2米灰岩、大坨P_2q灰岩、黄猄洞天坑P_2米灰岩	4
	河流	百朗地下河	1

1. 基础地质类重要地质遗迹简述

（1）古动物化石产地

大石围天坑群一带碳酸盐岩层中蕴藏着丰富的生物化石遗迹。有蜓类、海绵、藻类、珊瑚、海百合和腕足类等海生动物化石，其中不乏标准化石，它们是确定大石围天坑群碳酸盐岩层形成年代和研究古地理变迁的重要依据。

① 蒋家坳化石遗址。位于乐业县同乐镇刷把村蒋家坳，产叶状藻、蜓类和腕足类化石。

叶状藻生活于距今2亿多年前的早二叠世早期，因此其化石产于二叠世茅口组和栖霞组灰岩中。叶状藻呈浅灰白色，与寄生岩石形成黑白相间的花纹图案。叶状藻形如海带，长数厘米至数十厘米，厚数厘米，群体固着于岩石上生长。它属钙藻类海洋生物，常与海百合、苔藓虫等生物共生，一般生活在海水清洁、阳光充足、水深数十米、波浪微弱的浅海环境。由于体形细长，遇到较强风浪就会断裂，再经海水搬运到安静地带密集堆积，最后经成岩作用形成生物化石。

　　蜓类生物生活于距今2亿多年前的浅海环境，具有演化迅速、形态演化特征明显、演化阶段明确的特点，其化石的壳形、旋壁构造、隔壁特征以及旋脊、通道的演化趋势及其地层分布规律清晰，在国内外的石炭系、二叠系海相地层的划分对比中得到了广泛的应用。大石围天坑区域的蜓科化石主要赋存于上石炭统马平组和中二叠统茅口组石灰岩中，呈米粒大小，以原小纺缍蜓、麦蜓、假希瓦格蜓、新希瓦格蜓最为常见。

　　腕足类生物是双壳类海洋生物，借助较大的硬壳外的一根坚韧肉茎固着生活。腕足类化石产于下二叠统茅口组浅灰色石灰岩中，个体直径为0.5～3厘米，多数壳瓣分裂，推测是生物死亡后被风浪推移至低洼的滩涂，与碳酸钙沉积成腕足类生物碎屑灰岩。

　　②熊猫化石洞。位于乐业县雅长新场村南东向400米的山腰，在公路左侧山边，海拔880米，洞口向西，宽3米，高8米。由洞口内6米处，无次生化学沉积物，6～10米处有钙化和石笋。洞壁左侧2米处有1个叉洞口，后为一地下大厅，厅内有石笋、石柱分布。往北西50米处有1个洞口，高2米，宽2.5米，从其中挖掘出一具保存完好的大熊猫头骨化石。经中美考古学家研究，于2007年6月18日在美国《国家科学院学报》发表了该项最新研究成果，确认此化石年龄为距今约200万年，而且是迄今为止发现的最完整的早期大熊猫，即大熊猫小种的头骨化石（图5-1）。这种原始的大熊猫喜食素食、体型较小、脸部较长，模样更接近于熊。

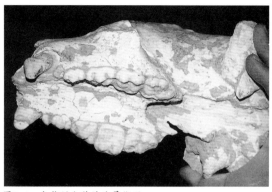

图5-1　大熊猫小种的头骨化石

（2）沉积岩剖面

沉积岩剖面位于大石围天坑东壁蚂蜂洞内，为新近纪地层古生物剖面，剖面标高1289～1372米，剖面长33米，主要岩性为细砾岩、含砾砂岩及泥岩，厚14.1米，沉积特征以水平层理为主，无交错层、砾石不具二元结构，并含少量有机质，说明其可能属河流湖泊相沉积。在这些岩层中含丰富的植物孢粉化石，以被子植物花粉为主（占42.3%～66.7%），次为蕨类孢子（占16.7%～34.6%）和裸子植物花粉（占16.7%～26.2%）。被子植物花粉中以桦科花粉（占14.3%～40.6%）较发育，主要有桦粉属花粉、榛粉属花粉、桤木粉属花粉、鹅耳枥粉属花粉；此外还有胡桃科花粉（占8.4%～13.5%）、栎粉属花粉（占5.8%～13.1%）、栗粉属花粉（占0～6.0%）。草本植物花粉常见，主要为藜粉属、菊科、禾本科的花粉。裸子植物花粉中以松科花粉最发育（占15.6%～25%）。蕨类孢子中水龙骨科单缝孢子较发育（占10.4%～22.1%），还有木沙椤孢属孢子和凤尾蕨孢属孢子等（表5-2）。根据孢粉组合特征，确定属新近纪产物（李振柏，2003）。

表5-2　蚂蜂洞内新近纪沉积剖面描述

编号	说明	厚度（米）
1	棕黄色黏土层夹黑色有机质层，上部为砾石层	0.5
2	崩塌岩块	2.5
3	黄色泥岩，具清晰水平纹层，含植物孢粉化石	0.8
4	含砾砂岩	0.5
5	棕褐色薄层含砾砂岩与含锰泥岩及泥岩组成7个韵律层，含植物孢粉化石	1.2
6	下部细砾岩，上部泥岩和含锰泥岩，含植物孢粉化石	0.6

续表

编号	说明	厚度（米）
7	细砾岩与含砾砂岩交替出现组成韵律层	0.7
8	含砾砂岩与泥岩交替组成韵律层	0.8
9	含砾砂岩、砾岩与泥岩组成韵律层	0.5
10	褐黄色砾岩	0.6
11	下部砾岩、上部泥岩组成6个韵律层，水平纹层发育	1.9
12	棕褐色泥岩夹砾岩透镜体，泥岩中有较多生物潜穴孔洞，含植物孢粉化石	1.0
13	溶洞崩塌岩块堆积物	3.0
14	洞穴次生钙化沉积物	0.5

　　沉积岩剖面由下至上0～35米均为钙华沉积物和崩塌岩块，36～68米为较连续的岩石露头，层理清晰，层层叠置，产状为355度∠10度。剖面分层岩性自下往上见图5-2（李振柏，2003，2017）。

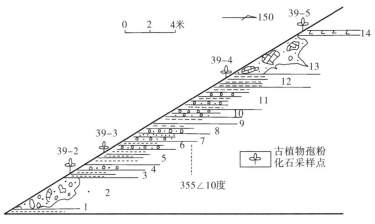

图5-2　蚂蜂洞内新近纪沉积物剖面图

　　该沉积岩剖面为广西迄今发现的最高海拔的新近纪剖面，也是广西最高岩溶峰丛中首次发现的新近纪剖面，对研究广西西北地区地壳上升及大石围天坑附近的峰丛地貌发育史具有重要意义。

　　（3）断层遗迹

　　大石围天坑群区域断层甚为常见，张性断裂、压性断裂和扭性断裂均有。如大坨天坑边的公路边坡上，前后石灰岩层十分破碎，破碎带宽30米，破碎带中岩石全部呈角砾状，成分为石灰岩，棱角状或次棱角状，大的直径达1米，小的直径0.2米，大小混杂，节理裂隙发育，钙质铁质胶结，并发育有大量侵入性方解石脉，说明有断层发育及热液活动。本断层对北东向岩溶谷地和天坑的形成有明显的控制作用。断层三角面，是断层发生错动或崩塌后形成的三角形陡崖，是断层活动的标志之一，常见于大石围天坑群各天坑坑壁和山盆分界处，如大石围天坑、大坨天坑坑壁和乐业坡立谷边等。

2. 地貌景观类典型地质遗迹简述

　　（1）地表岩溶地貌

　　①峰丛。高峰丛地貌是指由纯碳酸盐岩组成的、有统一连生基座的石峰、洼（谷）地相伴的地形，石峰高峻、挺拔，高程多在1000米以上，洼地以浑圆状及长条形为主，洼地密度为0.9～2个/千米^2，石峰与洼地高差200～500米，形成高峰丛深洼地的典型地貌形态组合，尤以大石围天坑区、龙坪、大曹等地的峰丛为高峰丛深洼地的典型代表（图5-3）。

　　②坡立谷。是指岩溶区内或岩溶区与非岩溶区接触带所形成的较大面积谷地，前者称为坡立谷，后者称为边缘坡立谷。边缘坡立谷因为接受非岩溶区的外源水，在可溶岩一侧形成大型谷地，这种负向岩溶地貌形态在连片峰丛分布区中显得格外引人注目，成为人类耕作、居住、生活与工程建设的场所。

　　乐业县同乐镇边缘坡立谷沿乐业—甘田—浪平区域弧形断裂之乐

图5-3　大石围天坑区峰丛地貌

业段发育，因此两侧为断崖。断裂破碎带形成大量裂隙，来自砂岩区的外源水流入破碎带，加速石灰岩的溶解，促进了同乐镇边缘坡立谷的形成。坡立谷南端接纳百朗地下河系上游的平寨河，于西侧峰丛山脚形成伏流洞穴——罗妹莲花洞。

坡立谷高程935～985米，长4500米，宽500米，呈近南北向展布，乐业县城坐落于坡立谷中（图5-4）。

牛坪坡立谷位于同乐镇下岗村牛坪屯，坡立谷底部高程920～930米，长2300米，宽100～200米，呈近南北向展布，南端接纳百朗地下河几经罗妹洞伏流、陇洋伏流和牛坪伏流后流出的明流，北端接纳来自下岗坡立谷的水流，此二股水流汇合后复潜入峰丛山脚下的洞穴，形成可测长度达3600米的牛坪洞地下河。百朗地下河自此之后再无地表露头，直至约40千米后才最终在出口流出地表，注入红水河中。

六为坡立谷位于同乐镇六为村下六屯和上六屯之间，属于边缘坡立谷，谷底北高南低，标高950～985米，长4200米，宽250～550米，呈北西向展布。六为边缘坡立谷北端为下、中三叠统砂岩、页岩、泥岩等组成的土山地貌，所产生的大量外源水侵蚀、溶蚀性强，有利于在石灰岩地层中形成坡立谷。六为边缘坡立谷底部分布有六为村等6个村屯。坡立谷两侧山体中可见5个洞穴，以金银洞为代表，其测量长度达5600米，坡立谷南端有数个消水洞，它们吸纳地表水流，注入百朗地下河系统中。

图5-4　乐业县城边缘坡立谷

③岩溶峡谷。百中峡谷原称百朗大峡谷（图5-5）。峡谷地处幼平乡百中村，近南北向展布于"S"型岩溶偏北端，南起百中村南1.5千米处，北至百朗地下河出口，全长约6.5千米。由发源于三曹山一带的地表河流侵蚀而成，河流于百中村北900米处潜入地下，即大石围百朗地下河袭夺地表水系，使河流成为断头河，峡谷变成盲谷。

百中峡谷前半段为宽谷，长4千米，宽200～400米，底部平缓，

图5-5　百中峡谷

两侧山峰海拔高程790～1000米，谷底标高470～500米，谷深300～510米。后半段为狭谷，长2.5千米，两侧山峰标高600～1100米，谷底标高430～490米，谷深140～640米，谷宽40～100米。峡谷两侧峰丛地貌奇异秀丽，谷壁陡峭，林木荫翳。狭谷末端，百朗地下河因断层切割露出地表成为明流，一部分被引去发电（百朗电站），另一部分则流经4.5千米后于百朗村汇入红水河。

峡谷西侧山上发育有存木洞、木根洞等3个洞穴，东侧则分布有西口洞、爱洞和长洞等洞穴，为现代地下河洞穴；峡谷前端西南侧分布有打陇天坑。

④天窗。天窗是地下河或溶洞顶部通向地表的透光部分，既是指地下河（洞穴）露出地表的部分或地下河的明流段，也包括通向地表的洞顶孔穴，光线由此射入洞穴。大石围天坑区域有很多天窗，有些非常精彩，如穿洞天坑的半月洞，蜂子挡天窗群，以及冒气洞天窗、红米洞天窗、白竹洞天窗、大洞天窗等（表5-3）。

表5-3　大石围天坑群区域天窗地质遗迹

序号	天窗名称	位置	高度（米）	海拔（米）	主要特征
1	冒气洞	同乐镇	365	1322	洞口呈长方形，16.5米×10米，底部为阳光大厅，冒气洞有呼吸现象，呼气风速达6.7米/秒，呼气量达825米³/秒
2	大洞	逻沙乡	45	1150	洞口呈长方形，60米×10米，天窗下发育2个小天生桥，桥高分别为10米、20米，宽3.5米左右
3	红米洞	新化乡	96	794	洞口呈不规则四边形，18米×13米，天窗下洞体南倾，西南洞壁见有石钟乳，下方为碎石所堵塞
4	白竹洞	武称乡	41	1016	洞口呈矩形，15米×10米，有台阶绕洞壁到洞底，直通地下河，洞厅东北壁见有石钟乳，洞底堆积大量砂卵石

续表

序号	天窗名称	位置	高度（米）	海拔（米）	主要特征
5	蜂子垱	同乐镇	40	1208	为塌陷形成的双天窗，两者相距25米，另一天窗高程1202米，高度10米，夏日天窗内外温度相差6摄氏度
6	半月洞	花坪乡	79	1184	洞口呈椭圆形，洞底为圆形厅堂式球形洞

半月洞位于穿洞天坑西南绝壁下方，为一直径70米、高80米的洞穴厅堂。半月洞大厅上方，在阳光明媚的日子于正午时分，可见阳光自113米高的天窗射入大厅形成的光柱。半月洞洞口因为生物作用释放二氧化碳，加速水中碳酸钙沉积，从而导致次生化学沉积物向光生长，而形成向光性钟乳石。

蜂子垱天窗群位于火卖村，蜂子垱洞有3个洞口，为早期地下河塌陷形成的3个天窗，即蜂子垱、沙堡堡和骆家，因此被称为"一洞三坑"（图5-6）。蜂子垱天窗和沙堡堡天窗位于火卖洼地内，相距约25米，骆家天窗位于火卖洼地外。天窗洞口高程分别为1208米、1202米和1243米，洞口分别为20米×10米、10米×7米和15米×7米，天窗高度分别为40米、10米和58米（黄保健，2001，2002）。

图5-6　蜂子垱天窗群

图5-7　火卖蜂子垱天窗

（2）地下溶洞特征

岩溶洞穴是岩溶地区最显著的地貌特征，大石围天坑群内洞穴数量众多，类型多样，可进入通道总长超过100千米。迄今，百朗地下河流域内共发现洞穴33个，其中典型溶洞有21个（表5-4）。

表5-4　洞穴名录及其特征

序号	洞穴名称	类型	位置	长度（千米）	深度（米）	海拔（米）	主要特征
1	罗妹莲花洞	上层干洞下层地下河	县城西南	1.65	25.5	977.5	上层开放，296个莲花盆，直径0.1～9.2米
2	大曹洞	干洞、地下河洞并存	牛坪屯	9.46	203	1180	干洞3层，洞道规模巨大，中下层贯通成红玫瑰大厅，面积50700平方米
3	陇安洞	干洞	大曹南	2.5	230	1220	洞道呈网状，末端发育150米深堑沟，局部有大石笋和大石柱

续表

序号	洞穴名称	类型	位置	长度（千米）	深度（米）	海拔（米）	主要特征
4	蜂子垱洞	干洞	火卖屯	1.02	42	1243	洞体高大，有3个天窗，底流石发育，见石田
5	金银洞	干洞、地下河洞并存	牛坪屯	6.15	69	1310	干洞有较大壁流石和局部石笋，地下河多碎石黏土
6	牛坪洞	干洞、地下河洞并存	牛坪屯	3.58	122	1120	干洞局部大石笋、石柱发育，地下河局部淤泥质堆积，河岸以石质为主
7	老虎洞	干洞	火卖屯	0.5	51	1234	钟乳石景观似城堡，洞底多穴珠
8	飞猫洞	干洞、地下河洞并存	牛坪屯	2.41	159	1300	1个大厅，景观稀少，洞内堆积碎石和黏土
9	飞虎洞	干洞	火卖屯	0.3	50	1190	石幔和石柱为主
10	迷魂洞	干洞	火卖屯	0.16	17	1200	大厅多，高10～30米的石柱群和密集石幔、石帘排列有序
11	穿洞洞群	干洞	穿洞天坑	0.43	113	1184	下入穿洞天坑的通道，巨型石笋和壁流石发育，半月洞为直径70米、高80米大厅，梭子洞长147米
12	熊家西洞	干洞	竹林坝	1.36	158.2	1278	大石笋和大壁流石发育，2个大厅，面积分别为3500平方米、6000平方米
13	熊家东洞	干洞	竹林坝	1.77	94.3	1207	无支洞，中有大厅，后有450米长流石坝

续表

序号	洞穴名称	类型	位置	长度（千米）	深度（米）	海拔（米）	主要特征
14	冒气洞	干洞、地下河洞并存	牛坪屯	5.02	368	1322	阳光大厅，底为陡高崩塌块石堆积，钟乳石景观少
15	蚂蜂洞和中洞	干洞	大石围	0.99	113	1372	中有2个支洞，北西支洞通绝壁，有新近纪地层古生物剖面，中洞洞口巨大，鸟瞰大石围
16	大石围地下河洞	地下河洞	大石围	6.63	760	1394	地下河复杂，潜流深潭相间入内1.5千米有鸳鸯暗河交汇，深度为中国第三
17	木根洞	干洞	里郎屯	0.04	3	1425	少量钙华堆积物和新近纪植物孢粉
18	风岩竖井	干洞、地下河洞并存	韩家沟	0.76	369	949	风岩洞竖井是冲蚀型天坑的雏形，呈竖井—斜井—竖井的多重组合，末端为水塘
19	爱洞—西口洞	地下河洞	百中村	2.63	66	431	百朗地下河出口洞穴，两者通过40米虹吸管相连，洞底遍布卵石和深潭
20	天坑洞竖井	干洞	长槽村	0.31	289	1355	落水洞向下深化发育而成，需用SRT装备下入井底，绳子悬空约185米
21	熊猫化石洞	干洞	新场村	0.05	1.5	880	洞道黏土沉积厚，顶部堆积有更新世大熊猫—剑齿动物群化石

大石围天坑群内的洞穴具有如下特征：

第一，洞穴出露高程880～1425米，集中分布于海拔880～1100米和海拔1250～1430米。就单个洞穴系统而言，洞道最长的是大曹洞，实测长度为9.46千米，洞道最深者为大石围地下河洞穴系统，实测深度为760米。

第二，垂向上分布具层层性。调查发现共有13层溶洞，层间距离一般在20～30米，最小5～10米，最大145米，反映大石围天坑群新构造运动为持续间歇性上升。根据部分溶洞已获得的植物孢粉化石组合特征分析，海拔1000米以上的溶洞形成于新近纪时期，其下溶洞形成于第四纪时期。

第三，洞穴堆积物丰富多彩。洞内无论是块石堆积、黏土堆积还是次生化学沉积物堆积，均有较大分布面积和较大体量。如罗妹莲花洞上层洞均遍布莲花盆，总数达296个，包括单体和复合体（平面连生及垂向叠置），以单体为主；平面以圆形、椭圆形、枕形为主，少数呈不规则形状；体态有浅碟状、木耳状、树墩状、蒲团状、石磨状、圆桌状、水盆状、睡莲状等（图5-8）；最为奇特的是石柱莲花盆，盆中具一根石柱，极具观赏价值；莲花盆直径0.1～9.2米，高5～70厘米，直径9.2米的莲花盆被称为"莲花盆之王"（图5-9）。罗妹莲花洞莲花盆在数量、规模、形态多样性上堪称世界之最。

第四，大石围天坑群内洞穴大多沿地质构造节理裂隙面或层面发育，在两组节理交汇处往往形成溶洞大厅。如红玫瑰大厅，容积5.25兆立方米，居中国第三位；冒气洞阳光大厅，容积达3.2兆立方米，居中国第十位。

第五，大石围天坑群内竖井深度数十米至数百米，分布于地下河通道及其附近。其中典型的竖井有风岩竖井和大平竖井，风岩竖井洞口海拔995米，深度369米，大平竖井洞口海拔1320米，深度133米。

图5-8　罗妹莲花洞莲花盆

图5-9　"莲花盆之王"

第六，大石围天坑群内洞道不仅溶洞大，竖井深，而且洞道非常高。如冒气洞高365米，为世界最高洞穴之一，红玫瑰溶洞大厅高220米，名列前茅。

（3）典型溶洞简述

①大石围地下河洞穴。洞口位于大石围天坑西绝壁下，起点为大石围底部西侧的地下河天窗，通过长60米、倾角为38度的斜坡进入洞内。地下河总体朝北西向延伸，主要由北西、南西向通道间互组成，局部有东西向和南北向。洞口标高897米，高25米，宽55米。已探明洞穴长6630米，宽15～45米，高15～30米，最高处达80米以上。地下水流从天窗下的砾石堆中涌出，河面高程873米，宽6～10米，深0.5～2米，地下河水温18.9摄氏度，流速1.06～1.30米³/秒，流量1.65米³/秒（2001年2月25日），地下河末端海拔634米，总落差239米，水力坡降陡达30‰。从天坑边石峰垭口算起，洞道深度达760米，为中国最深洞穴之一（表5-5和图5-10）。

表5-5　中国最深的5个洞穴

序号	深度（米）	洞穴名称	所在行政区 省/市	所在行政区 市/县	地貌区域主要特征	海拔（米）
1	1020	天星洞系	重庆	武隆	四川盆地南部边缘与大娄山地带暨乌江支流芙蓉江下游峰丛峡谷	216～1236
2	807	小寨天坑洞	重庆	奉节	四川盆地东部边缘与鄂西山地带暨长江二级支流九盘河上游峰丛峡谷	373～1180
3	775	大坑竖井	重庆	武隆	四川盆地南部边缘与大娄山地带暨乌江支流芙蓉江下游峰丛峡谷	326～1101

续表

序号	深度（米）	洞穴名称	所在行政区 省/市	所在行政区 市/县	地貌区域主要特征	海拔（米）
4	760	大石围天坑洞	广西	乐业	云贵高原向广西盆地过渡地带暨红水河支流百朗地下河中游峰丛洼地	634～1394
5	654	万丈坑	重庆	涪陵	四川盆地南部边缘与大娄山地带暨乌江峰丛峡谷	1300

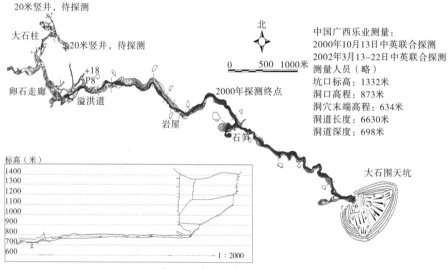

图5-10 大石围地下河洞穴图

地下河通道较复杂，大致呈弯曲的树枝状，前1000米为单河道，1100米处左岸有1条支流汇入，在约1500米处有2条支流汇入，水温不一，表明它们的补给距离不同。在约5000米处有1个水潭，水潭的一侧有直径1米的大石缝，下方为直径2米的圆形落水洞，地下河水即从此处消失。此裂点的存在表明地下河的溯源侵蚀作用已到达中游的中间地段。落水洞再往前为地下河已废弃的通道，堆积有大量淤泥，长约100米。此处至百朗地下河出口的直线距离有30千米。

②罗妹莲花洞。罗妹莲花洞是百朗地下河系统上游的一段伏流洞穴，分上下两层，上层洞为干洞，下层洞为地下河水洞（图5-11）。

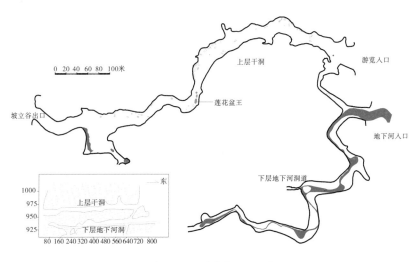

图5-11　罗妹莲花洞洞穴图

罗妹莲花洞上层洞由西至东呈狭长的"S"形廊道状展布，入口在洞体东端，高出公路路面9.6米；出口在洞体西端，位于小洼地底边，低于洼地对面公路约15米。出入口均在公路附近，入口高程977.5米，出口高程959.6米。实测上层洞洞道长970米，宽10～50米，高2～20米，洞道高差17米，总体洞底平坦，因此发育了数量众多的莲花盆，共有莲花盆296个，形状各异，最大者直径达9.2米，堪称中国之最（表5-6）；同时发育了大量的以底流石为特色的次生化学沉积物，包括流石坝、石田、穴珠、石旗、石带、石幔、石瀑、石幕、石盾等。穴珠分布也较普遍，莲花盆内外均有分布，大者如板栗，小者似黄豆，大多呈浑圆状。石田阡陌纵横，延绵不断，斜坡上的石梯田层层叠叠，边石坝平行洞壁蜿蜒展布。平坦的洞底（静水环境）、丰富的流石坝（严密的浅水塘）和石梯田（溢流）常与莲花盆伴生，云盆顶面与流石坝顶面同高，反映出其形成时洞底沉积环境的高度协同性。

表5-6   西南著名莲花洞比较

洞名	莲花盆数量（个）	莲花盆直径（米）		莲花盆高度（米）
		一般	最大	
乐业罗妹莲花洞	296	0.41	9.2	0.05~0.7
凌云纳灵洞	218	0.3~0.6	1.2	0.1~0.5
阳朔莲花岩	108	0.3~0.7	1.3	0.3~0.5
贵州修文多缤洞	45	0.4~0.7	0.9	0.2~0.6
广西隆林海子洞	41	0.8~1.2	1.9	0.4~0.6

下层洞为百朗地下河的上游末段河道，总体上呈多级之字形展布，洞体一缩一放，追踪构造裂隙发育（转折处变宽），前半段大抵呈南北向，后半段近东西向。下层洞入口处距上层洞入口约90米，出口处在西南端的小洼地边，高程约952米。入口高程955米，长679米，宽5~33米，高7~10米。枯水期地下河水面宽0.7~15米，大多小于1米。下层洞仍处在地下河发育阶段，洞内钟乳石类景观稀少，主要是洞穴曲折形态和地下河景观。

③冒气洞。冒气洞是白洞—冒气洞洞穴系统的天窗部分（图5-12），白洞天坑底部南侧顺斜坡可进入冒气洞，白洞天坑至冒气洞间洞穴长度约400米，钟乳石类景观稀少。冒气洞天窗底部为陡高的崩塌石块堆积，崩塌岩块混杂堆积，棱角分明，未遭受溶蚀；堆积体南侧为深约150米的陡坡，坡底为百朗地下河。

冒气洞天窗高365米，呈倒置漏斗状，因地表小洞口处的阳光照射之故，被称为阳光大厅；阳光大厅直径约180米，容积约3.2兆立方米。

在冬春两季的雨天和夏季，常因洞内外气压和温湿度的差异分别出现冒气和吸气观象，以冒气现象为著：白雾喷涌形成烟柱，高悬空中，数百米外仍能见到，或是在洞口树木落叶漂浮空中，良久不能落下；吸气现象只在洞口看到：洞口边的树叶、竹叶被洞内气流下吸，猎猎作响。

④熊家东洞和熊家西洞。以两洞间的洼地内原居住熊姓人家而得名。洼地西边是熊家西洞的东洞口，东边是熊家东洞的西洞口，两洞口

图5-12　冒气洞365米高的天窗

相距约100米；推测两洞原为一体，因洞顶塌落形成洼地而分成两个洞穴（图5-13和图5-14）。

熊家东洞以北东—南西向延伸为主，洞体单一，洞口标高1207米，长1770米，宽5～46米，高3～30米，洞体高差95米。熊家东洞东侧洞口位于竹林坝西北约200米的山腰处，从竹林坝洞口至流石迷宫约700米的洞段，地面起伏不大，余下的洞段底面起伏较大。

洞穴进出口为碎石和碎石泥土斜坡。洞内地面以流石为主，间有泥土地面。高大石笋散布于整个洞穴，或独领风骚，或成群出现，或突兀于流石之上。洞内见有四处滴水塘。洞穴中部，因流石发育，形成了迷宫型厅堂，迷宫之后约200米处，有450米长的流石坝，地面波纹蔚为壮观，这是东洞的景观特色之一（图5-15）。

熊家西洞东端洞口与熊家东洞的洼地洞口对应，洞口标高1278米，洞体以北东向和南北向延伸，洞道长1.36千米，宽1～80米，高2～35米，洞体高差158米。熊家西洞洞口段仍是泥土夹碎石斜坡。洞内多

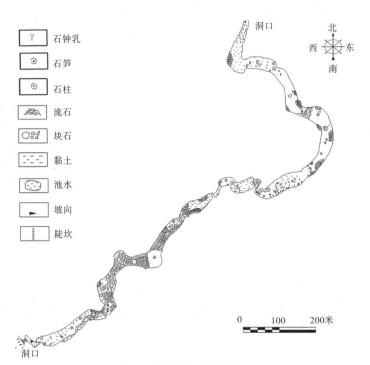

图5-13　熊家东洞洞穴平面图

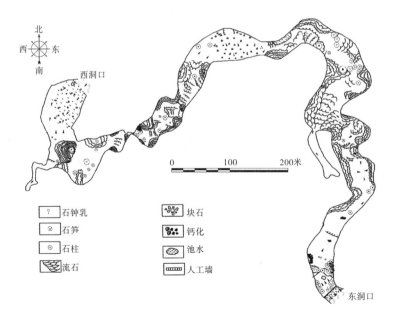

图5-14　熊家西洞洞穴平面图

图5-15　熊家东洞一隅

为壁流石和石笋，洞内有2个大厅，面积分别为3500平方米和6000平方米。熊家西洞最奇特的景观是"钙化木槽"，木槽曾是过去百姓取洞顶滴水之用，久而久之，木槽为水中析出的碳酸钙所包裹，与洞底形成的流石合二为一。

⑤大曹洞和红玫瑰大厅。大曹洞位于大曹天坑坑底东侧，大曹地下河洞穴系统长9461米，分3层洞道。上层洞高程1060~1080米，位于大曹天坑底部，钟乳石景观稀少；中层洞高程940~980米，洞腔高大，以红玫瑰大厅及其中的巨大流石坝为特征；下层洞高程920~940米，为地下河洞穴，洞底几乎全被黏土所覆盖，以泥裂开景观为特征（图5-16）。

红玫瑰大厅位于与大曹天坑联系密切的大曹地下河系统的中段，此处中层洞与下层洞互相贯通，显示系下层洞顶板崩塌穿通中层洞，继而引发中层洞顶板崩落的结果。红玫瑰大厅平面为梯形呈北东-南西向展布，长300米，宽200米，底面积58340平方米，容积5.25兆立方米，为中国第三、世界第五大溶洞大厅（表5-7）。洞厅底部约1/3范围为黏土堆积，洞壁北西侧发育长200米、高100米的巨大石瀑和壁流石，与下层洞壮观的泥淋景致构成壮丽辉煌的景观。

图5-16　大曹地下河洞道

表5-7　世界10个最大溶洞大厅

序号	洞厅名称	容积（立方米）	面积（平方米）	高（米）	国家/地区
1	苗厅（Miao Chamber）	10570000	145040	100～150	中国/贵州
2	沙捞越大厅（Sarawak Chamber）	9810000	168870	70～100	马来西亚/沙捞越
3	云梯大厅（Cloudy Ladder Hall）	6230000	56740	200～365	中国/重庆
4	穆尼卡·菲（La Muneca Fea）	5900000	65060	150～225	墨西哥/普埃布拉
5	红玫瑰大厅（Hongmeigui Chamber）	5250000	58340	100～220	中国/广西
6	尕热多萨（Ghar-e-Dosar）	4330000	79140	50～90	伊朗/亚兹德
7	马利斯·奥·音（Majlis Al Jinn）	4110000	59410	70～120	阿曼/马斯喀特

续表

序号	洞厅名称	容积（立方米）	面积（平方米）	高（米）	国家/地区
8	萨尔·魏玛（Salle de la Vema）	3650000	43150	110～194	法国/圣恩格雷斯
9	阿比大厅（Api Chamber）	2890000	42730	100～130	马来西亚/沙捞越
10	地潭大厅（Titan Chamber）	2530000	54900	100～120	中国/贵州

三、地质遗迹评价

根据地质遗迹简述和对比分析，并依地质遗迹重要程度和利用目的的不同，大石围天坑群区域地质遗迹可分为世界级、国家级和省区级，91处地质遗迹中有世界级地质遗迹5处、国家级地质遗迹5处、省区级及以下地质遗迹81处，见表5-8。

表5-8 主要地质遗迹重要性和利用目的划分

序号	遗迹名称	重要程度	利用目的			
			科学	教育	旅游	未开发
1	大石围天坑	INT	√	√	√	
2	红玫瑰大厅	INT	√	√	√	
3	冒气洞（阳光大厅）	INT	√	√	√	
4	罗妹洞（莲花盆）	INT		√	√	
5	熊猫化石洞	INT	√			√
6	大坨天坑	NAT	√	√	√	
7	大石围地下河洞	NAT	√			√

续表

序号	遗迹名称	重要程度	利用目的			
			科学	教育	旅游	未开发
8	蚂蜂洞新近纪剖面	NAT	√	√	√	
9	大石围峰丛	NAT	√	√	√	
10	火卖峰丛	NAT		√	√	
11	同乐峰林	REG		√	√	
12	甘田峰林	REG		√	√	√
13	百朗地下河	REG	√			√
14	大宴坪天坑	REG	√			√
15	百中岩溶峡谷	REG	√	√		√
16	白洞天坑	REG	√	√	√	
17	穿洞天坑	REG	√	√	√	
18	黄猄洞天坑	REG	√	√	√	
19	大曹天坑	REG	√			√
20	邓家坨天坑	REG	√			√
21	茶洞天坑	REG	√			√
22	神木天坑	REG		√	√	
23	吊井天坑	REG	√			√
24	香垱天坑	REG	√			√
25	老屋基天坑	REG	√			√
26	拉洞天坑	REG	√			√
27	苏家天坑	REG	√			√
28	燕子天坑	REG	√			√
29	悬崖漏斗	REG	√			√

续表

序号	遗迹名称	重要程度	利用目的			
			科学	教育	旅游	未开发
30	龙坨天坑	REG	√			√
31	蓝家湾天坑	REG	√			√
32	里朗天坑	REG	√			√
33	十字路天坑	REG	√			√
34	棕竹洞天坑	REG	√			√
35	盖曹天坑	REG	√			√
36	大洞天坑	REG	√			
37	打陇天坑	REG	√			√
38	梅家天坑	REG	√			√
39	风选天坑	REG	√			√
40	中井天坑	REG	√			√
41	黄岩脚天坑	REG	√			√
42	弄坪峰丛	REG	√			√
43	乐业县城峰林	REG	√			√
44	花坪边缘坡立谷	REG	√			√
45	同乐边缘坡立谷	REG	√			√
46	下岗边缘坡立谷	REG	√		√	
47	六为坡立谷	REG	√	√	√	
48	牛坪坡立谷	REG	√	√	√	
49	罗家漏斗	REG	√			√
50	甲蒙漏斗	REG	√			√

续表

序号	遗迹名称	重要程度	利用目的			
			科学	教育	旅游	未开发
51	白岩塆漏斗	REG	√			√
52	盖帽漏斗	REG	√			√
53	天坑坨漏斗	REG	√			√
54	达记漏斗	REG	√			√
55	风选村漏斗	REG	√			√
56	长曹漏斗	REG	√			√
57	老鹰董漏斗	REG	√			√
58	大石围蚂蜂洞	REG	√	√	√	
59	大石围中洞	REG	√			√
60	熊家东洞	REG	√			√
61	熊家西洞	REG	√			√
62	陇安洞	REG	√			√
63	牛坪洞	REG	√			√
64	穿洞	REG	√	√	√	
65	飞虎洞	REG	√			√
66	飞猫洞	REG	√			√
67	蜂子塆洞	REG	√	√	√	
68	金银洞	REG	√			√
69	老虎洞	REG	√			√
70	迷魂洞	REG	√			√
71	风岩竖井	REG	√			√

续表

序号	遗迹名称	重要程度	利用目的			
			科学	教育	旅游	未开发
72	天坑洞竖井	REG	√			√
73	木根洞	REG	√			√
74	西口洞	REG	√			√
75	爱洞	REG	√			√
76	白竹洞天窗	REG	√			√
77	穿洞天窗	REG	√	√	√	
78	蜂子垯天窗群	REG	√			√
79	大石围天坑蜓类化石	REG	√	√		√
80	蒋家坳腕足类和蜓类化石	REG	√	√		
81	水井坳叶状藻化石	REG	√	√		
82	里朗洞新近纪剖面	REG	√	√		√
83	大石围天坑断层	REG	√	√		
84	大坨天坑断层	REG	√	√		
85	大石围平行不整合遗址	REG	√	√		√
86	蒋家坳平行不整合遗址	REG	√	√		√
87	大石围C_2h灰岩	REG	√	√		
88	大石围C_2m灰岩	REG	√	√		
89	大坨P_2q灰岩	REG	√	√		
90	黄猄洞天坑P_2m灰岩	REG	√	√		√
91	烟棚煤矿	REG	√	√		√

　　注：1.根据地质遗迹重要程度的不同分为具有世界性意义的重要遗迹点（INT）、具有国家意义的重要遗迹点（NAT）和具有地方意义的重要遗迹点（REG）；2.根据利用价值和目的的不同分为可以有选择地进行或进行科学研究的地质遗迹点，具有地质的、自然的、历史文化价值的重要性地质遗迹点和具有旅游价值的地质遗迹点。

第六章

生物多样性

　　大石围天坑群生物多样性深入调查组结合 3S 技术、无人机等多种技术，于 2016～2017 年对大石围天坑群的植物、动物及其生态环境进行全面调查，结合文献资料，整理出大石围天坑群维管植物名录和脊椎动物名录，并系统研究和总结出天坑群植物区系、天坑群植被、天坑群动物多样性及区系、天坑群特色植物和动物，阐述大石围天坑群生态环境与生物多样性的关系，提出生物多样性保护建议，为大石围天坑群全面系统的研究提供生物生态方面的基础数据，进一步推动天坑群生物多样性的研究。

一、天坑群植物区系

　　植物区系是指某一地区或某一时期，某一分类群某类植被所有植物种类的总称。植物区系的构成蕴含着丰富的地理、历史和生态系统进化的信息。

　　大石围天坑群植物区系分析的数据主要来自2016～2017年大石围天坑群生物多样性调查，以及对以往文献资料进行研究与整合所形成的大石围天坑群维管植物名录。主要参照《世界种子植物科的分布区类型系统》（吴征镒等，2003）、《中国种子植物属的分布区类型》（吴征镒等，1991），对研究区种子植物科属的区系地理成分进行统计分析。

1. 植物区系的基本组成

　　大石围天坑群位于典型的岩溶高峰丛区，岩溶发育、地质景观多样，小生境复杂，随着调查的深入，不断发现新分布属、新分布种。调查对象以野生植物为主，栽培植物并不作重点调查，就目前的调查结合文献资料，该区域有维管植物168科514属1033种（含种下等级，下同），其中蕨类植物29科59属151种，裸子植物5科10属13种，被子植物134科445属869种（表6-1）。在被子植物中，双子叶植物117科351属684种，单子叶植物17科94属185种。

表6-1　广西大石围天坑群植物区系组成

分类群		科		属		种	
		数量	比例（%）	数量	比例（%）	数量	比例（%）
蕨类植物		29	17.26	59	11.48	151	14.62
裸子植物		5	2.98	10	1.95	13	1.26
被子植物	双子叶植物	117	69.64	351	68.28	684	66.21
	单子叶植物	17	10.12	94	18.29	185	17.91
合计		168	100	514	100	1033	100

　　去除19种栽培植物（含归化种）后，大石围天坑群植物区系组成（以野生维管植物论，下同）中，裸子植物比较贫乏，科、属、种数均很少，分别占植物总数的2.41%、1.39%和0.99%，说明它们在该植物区系组成中不起重要作用；蕨类植物则比较丰富，科、属、种数分别占植物总数的17.47%、11.71%和14.89%；被子植物最丰富，科、属、种数分别占植物总数的80.12%、86.90%和84.12%。大石围天坑群野生维管植物区系组成统计如表6-2所示。

表6-2　广西大石围天坑群野生维管植物区系组成

分类群		科		属		种	
		数量	比例（%）	数量	比例（%）	数量	比例（%）
蕨类植物		29	17.47	59	11.71	151	14.89
裸子植物		4	2.41	7	1.39	10	0.99
被子植物	双子叶植物	116	69.88	346	68.65	671	66.17
	单子叶植物	17	10.24	92	18.25	182	17.95
合计		166	100	504	100	1014	100

2. 科的地理成分分析

按照吴征镒等对世界种子植物科的分布区类型系统划分观点，将大石围天坑群种子植物137科划分到各个分布区类型，得其科的分布区类型构成如下。

（1）世界分布（36科）

世界分布有毛茛科、十字花科、堇菜科、远志科、景天科、虎耳草科、石竹科、蓼科、藜科、苋科、酢浆草科、柳叶菜科、瑞香科、蔷薇科、蝶形花科、榆科、桑科、鼠李科、伞形科、木犀科、茜草科、败酱科、菊科、龙胆科、报春花科、车前科、桔梗科、半边莲科、紫草科、茄科、旋花科、玄参科、唇形科、兰科、莎草科、禾本科。

（2）泛热带分布及分布亚型（49科）

泛热带分布有42科，是最主要的分布类型，分别是番荔枝科、樟科、防己科、马兜铃科、胡椒科、金粟兰科、凤仙花科、大风子科、西番莲科、葫芦科、秋海棠科、山茶科、野牡丹科、使君子科、梧桐科、锦葵科、大戟科、含羞草科、荨麻科、卫矛科、茶茱萸科、铁青树科、葡萄科、芸香科、苦木科、楝科、无患子科、漆树科、柿科、山榄科、紫金牛科、夹竹桃科、萝藦科、紫葳科、爵床科、鸭跖草科、菝葜科、天南星科、薯蓣科、棕榈科、仙茅科、水玉簪科。山矾科为热带亚洲—

大洋洲和热带美洲分布亚型，苏木科、鸢尾科属于热带亚洲—热带非洲—热带美洲分布亚型，商陆科、桃金娘科、桑寄生科和石蒜科属于以南半球为主的泛热带分布亚型。樟科是区系组成中这一分布类型的大科。

（3）东亚（热带、亚热带）及热带南美洲分布（9科）

东亚及热带美洲分布有9科，分别是木通科、杜英科、冬青科、七叶树科、省沽油科、五加科、安息香科（野茉莉科）、苦苣苔科、马鞭草科。其中，苦苣苔科是特有性最丰富的科之一。

（4）旧世界热带分布（3科）

旧世界热带分布有海桐花科、八角枫科、芭蕉科。

（5）热带亚洲—热带大洋洲分布（4科）

热带亚洲—热带大洋洲分布有虎皮楠科、姜科、百部科、马钱科，种类都不多。

（6）热带亚洲—热带非洲分布（1科）

热带亚洲—热带非洲分布有杜鹃花科。

（7）热带亚洲分布（1科）

热带亚洲分布有清风藤科，分布至新几内亚。

（8）北温带分布（23科）

北温带分布有松科、金丝桃科、桦木科、乌饭树科（越橘科）、忍冬科、百合科、延龄草科、柏科、红豆杉科、紫堇科、亚麻科、牻牛儿苗科、绣球花科、金缕梅科、黄杨科、桦木科、壳斗科、胡颓子科、槭树科、胡桃科、山茱萸科、小檗科、马桑科。

其中柏科、红豆杉科、紫堇科、亚麻科、牻牛儿苗科、绣球花科、金缕梅科、黄杨科、桦木科、壳斗科、胡颓子科、槭树科、胡桃科、山茱萸科等14科属于这一分布类型中的8-4亚型即北温带和南温带间断分布类型，是该类型中最主要的亚型。此外还有2种亚型，即8-5型欧亚和南美洲温带间断分布以及8-6型地中海、东亚、新西兰和墨西哥—智利间断分布各有1科，分别是小檗科和马桑科。除三尖杉科外的所有裸子植物都属于北温带分布类型。

（9）东亚—北美间断分布（5科）

东亚—北美间断分布有木兰科、八角科、五味子科、三白草科、透骨草科。

（10）旧世界温带分布（1科）

旧世界温带分布有川续断科。

（11）东亚分布（4科）

东亚分布有三尖杉科、猕猴桃科、旌节花科和鞘柄木科。

（12）南半球热带以外间断或星散分布（1科）

南半球热带以外间断或星散分布有鼠刺科。

将上述结果进行统计，科的区系地理成分组成如表6-3所示。从中可以看出，科的区系地理成分以热带成分为主。如将（2）～（7）各型合计为热带成分，（8）～（10）合计为温带成分，则科的区系组成性质更加明显，植物区系以热带成分为主，占总科数的48.91%，世界广布占26.28%，温带分布占21.17%，东亚分布占2.92%，南半球热带以外间断或星散分布占0.73%（图6-1）。

表6-3　广西大石围天坑群种子植物科的分布区类型

科分布区	数量	占全部科的比例（%）
1.世界分布	36	26.28
2.泛热带分布	42	30.65
2-1.热带亚洲—大洋洲（至新西兰）和中美洲、南美洲（或墨西哥）间断分布	1	0.73
2-2.热带亚洲—热带非洲—热带美洲间断分布	2	1.46
2S.以南半球为主的泛热带分布	4	2.92
3.东亚（热带、亚热带）及热带南美洲分布	9	6.57
4.旧世界热带分布	3	2.19
5.热带亚洲—热带大洋洲分布	4	2.92
6.热带亚洲—热带非洲分布	1	0.73

续表

7.热带亚洲分布	1	0.73
8.北温带分布	7	5.11
8-4.北温带和南温带间断分布	14	10.22
8-5.欧亚和南美洲温带间断分布	1	0.73
8-6.地中海、东亚、新西兰和墨西哥—智利间断分布	1	0.73
9.东亚—北美间断分布	5	3.65
10.旧世界温带分布	1	0.73
11.东亚分布	4	2.92
12.南半球热带以外间断或星散分布	1	0.73
合计	137	100

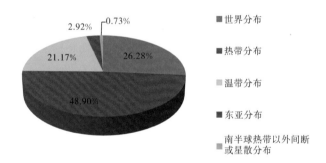

图6-1 广西大石围天坑群植物区系科的地理成分组成

3. 属的地理成分分析

植物属的区系成分能有效地反映植物区系的特征，也能在一定程度上揭示植物区系的发生和发展历程。按《中国种子植物分布区类型及其起源和分化》（吴征镒等，2003）中属的分布区类型划分，对大石围天坑群的种子植物进行划分，结果如表6-4和图6-2所示。

表6-4　广西大石围天坑群种子植物属的分布区类型及与中国属数对比

序号	分布区类型	园区属数	占园区总属数（%）	中国属数	占中国该类型属数（%）
1	世界分布	41	9.21	104	39.42
2	泛热带分布	73	16.40	365	20.00
3	热带亚洲和美洲分布	11	2.47	71	15.49
4	旧世界热带分布	43	9.66	176	24.43
5	热带亚洲—大洋洲分布	26	5.84	149	17.45
6	热带亚洲—非洲分布	14	3.15	169	8.28
7	热带亚洲（印—马）分布	65	14.61	618	10.52
8	北温带分布	51	11.46	303	16.83
9	东亚和北美洲间断分布	30	6.74	126	23.81
10	旧世界温带分布	20	4.49	167	11.98
11	温带亚洲分布	1	0.22	58	1.72
12	地中海、西亚至中亚分布	4	0.90	172	2.33
13	中亚分布	0	0	117	0
14	东亚分布	48	10.79	307	15.64
15	中国特有分布	18	4.04	267	6.74
	合计	445	100	3169	14.04

注：百分比不含世界性分布的属，其他13个分布区类型共计404属。

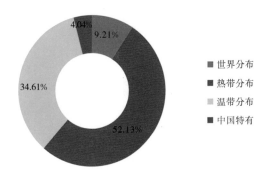

图6-2　广西大石围天坑群种子植物属的地理成分组成

大石围天坑群除中亚分布没有外，其余14个属的分布区类型都具备。在各地理成分中泛热带分布属的数目最大，达73属，占天坑群种子植物总属数（除世界分布属外共471属）的16.40%；其次为热带亚洲（印度—马来西亚）分布，共65属，占总属数的14.61%；北温带分布属居第三，共有51属，占总属数的11.46%。合计2～7为热带分布性质的属共计232属，占总属数的52.13%；8～14为温带性质属共计154属，占总属数的34.61%；余下的为中国特有属18属，占总属数的4.04%。从其比重可知，广西大石围天坑群种子植物属于热带性质，中国特有成分相对贫乏（中国特有分布属占总属数的8.71%）。

本区系植物分布的中国特有属主要是黄精属（*Polygonatum*）、单枝竹属（*Monocladus*）、青檀属（*Pteroceltis*）、八角莲属（*Dysosma*）、掌叶木属（*Handeliodendron*）。其中不少属内的种属于保护植物，如八角莲（*Dysosma versipellis*）、掌叶木（*Handeliodendron bodinieri*）。其他地理成分的属数量较多，在此不再详列。

4. 兰科植物

兰科植物是被子植物中最大的科之一，全世界约有736属28000种（Chase等，1915；Dressler，1993），广泛分布于大部分的陆地生态系统中，尤其以热带地区的兰科植物种类最丰富。兰科植物是生物学研究的热点类群之一，也是生物多样性保护中的"旗舰"类群，全世界所有的野生兰科植物均被列入《野生动植物濒危物种国际贸易公约》（CITES）的保护范围，占该公约保护植物种类的90%以上。

兰科植物富有极高的观赏价值，许多兰花品种为世界级花卉名品，如兜兰属（*Paphiopedilum*）、万代兰属（*Vanda*）、石斛属（*Dendrobium*）、卡特兰属（*Cattleya*）、蝴蝶兰属（*Phalaenopsis*）、兰属（*Cymbidium*）、杓兰属（*Cypripedium*）、独蒜兰属（*Pleione*）等。兰科植物的一些种类还具有很高的药用价值，如铁皮石斛（*Dendrobium officinale*）等。兰科植物在长期的进化历程中形成了不同的生活型，有地生兰、附生兰、腐生兰及攀援藤本。

2005年，我国首个以兰科植物命名并以其为重点保护对象的广西雅长兰科植物自然保护区在广西乐业县建立。乐业县不仅分布有丰富的兰科植物物种，而且部分物种种群规模巨大，如莎叶兰（*Cymbidium cyperifolium*）、带叶兜兰（*Paphiopedilum hirsutissimum*）、台湾香荚兰（*Vanilla somai*）等，2008年乐业县获得首批"中国兰花之乡"称号。2010年，广西公布了《广西壮族自治区第一批重点保护野生植物名录》，所有的兰科植物都被纳入名录的保护范围，占该名录保护植物种类的80%以上。

大石围天坑群与广西雅长兰科植物自然保护区在地理位置和地质环境上相近，经多次实地调查，大石围天坑群及其周边地区共分布有30属67种兰科植物，其中地生兰38种、附生兰26种、腐生兰3种，分别占大石围天坑群兰科植物总种数的56.72%、38.80%、4.48%。地生兰中以兰属分布种类最多，达9种，其他分布比较丰富的地生兰属还有开唇兰属（*Anoectochilus*）2种，白及属（*Bletilla*）1种，虾脊兰属（*Calanthe*）1种，头蕊兰属（*Cephalanthera*）1种，叉柱兰属（*Cheirostylis*）1种，杓兰属（*Cypripedium*）1种，火烧兰属（*Epipactis*），斑叶兰属（*Goodyera*）2种，玉凤花属（*Habenaria*）1种，角盘兰属（*Herminium*）1种，羊耳蒜属（*Liparis*）5种，沼兰属（*Malaxis*）2种，芋兰属（*Nervilia*）2种，兜兰属（*Paphiopedilum*）4种，阔蕊兰属（*Peristylus*）1种，鹤顶兰属（*Phaius*）1种，绶草属（*Spiranthes*）1种，竹茎兰属（*Tropidia*）1种；附生兰以石斛属（4种）分布种类最多，其他分布比较丰富的附生兰属有毛兰属（*Eria*）3种，石仙桃属（*Pholidota*）3种，羊耳蒜属（*Liparis*）3种，鸢尾兰属（*Oberonia*）3种，石豆兰属（*Bulbophyllum*）2种，兰属（*Cymbidium*）2种，金石斛属（*Flickingeria*）2种，尖囊兰属（*Kingidium*）1种，钗子股属（*Luisia*）1种，曲唇兰属（*Panisea*）1种，苹兰属（*Pinalia*）1种；分布的3种腐生兰为川滇叠鞘兰（*Chamaegastrodia inverta*）、大根兰

（*Cymbidium macrorhizon*）和无叶美冠兰（*Eulophia zollingeri*）；分布的唯一一种藤本兰科植物为台湾香荚兰。

5. 重点保护植物

广西乐业大石围天坑群有各类保护植物20种，其中国家Ⅰ级保护植物2种，国家Ⅱ级保护植物6种；联合国世界自然保护联盟（IUCN）红色名录收录极危种2种、濒危种2种、易危种7种；广西重点保护植物10种（含4种兰科植物）。葫芦叶马兜铃（*Aristolochia curcurbitoides*）为首次在乐业县发现，仅分布于燕子天坑底部。大石围天坑群保护植物（图6-3）及其分布详见表6-5。

表6-5　大石围天坑群保护植物

科号	科名	植物名	拉丁名	保护等级
F39	鳞毛蕨科	低头贯众	*Cyrtomium nephrolepioides*	易危
G4	松科	黄枝油杉	*Keteleeria davidiana* var. *calcarea*	广西重点
G4	松科	华南五针松	*Pinus kwangtungensis*	Ⅱ
G8	三尖杉科	西双版纳粗榧	*Cephalotaxus mannii* Hook. f.	Ⅱ、易危、广西重点
G9	红豆杉科	南方红豆杉	*Taxus wallichiana* var. *mairei*	Ⅰ
1	木兰科	香木莲	*Manglietia aromatica*	Ⅱ、易危
2	八角科	地枫皮	*Illicium difengpi*	Ⅱ
19	小檗科	八角莲	*Dysosma versipellis*	易危、广西重点
24	马兜铃科	葫芦叶马兜铃	*Aristolochia curcurbitoides*	易危、广西重点
33	紫堇科	岩黄连	*Corydalis saxicola*	广西重点
148	蝶形花科	南岭黄檀	*Dalbergia balansae*	易危

续表

科号	科名	植物名	拉丁名	保护等级
194	芸香科	黄檗	*Phellodendron amurense* Rupr.	II
197	楝科	红椿	*Toona ciliata*	II
198	无患子科	掌叶木	*Handeliodendron bodinieri*	I
207	胡桃科	青钱柳	*Cyclocarya paliurus*	广西重点
212	五加科	秀丽楤木	*Aralia debilis*	易危
326	兰科	绿花杓兰	*Cypripedium henryi*	极危、广西重点
326	兰科	铁皮石斛	*Dendrobium officinale*	极危、广西重点
326	兰科	小叶兜兰	*Paphiopedilum barbigerum*	濒危、广西重点
326	兰科	长瓣兜兰	*Paphiopedilum dianthum*	濒危、广西重点

注：I、II为国家重点保护野生植物等级，易危、极危、濒危等为 IUCN 评定等级。

图6-3 华南五针松

6. 分布新记录种和新种

据不完全统计，2016年大石围天坑调查发现新种2种，广西分布新记录种9种，乐业分布新记录种11种。

新种包括燕子天坑发现的瑞香科新物种天坑瑞香（*Daphne tiankenensis* ined.），大石围天坑群的洞穴口发现的苦苣苔科新物种乐业石蝴蝶（*Petrocosmea leyeensis* ined.）。

广西分布新记录种分属7科9属，其中乐业唇柱苣苔（*Chirita leyeensis*）为近年来新发现的仅分布于本区的物种（表6-6）。

表6-6 大石围天坑群的广西分布新记录种和乐业分布新记录种

科名	植物名	学名	分布
柳叶菜科	南方露珠草	*Circaea mollis*	大石围天坑、穿洞天坑、香草坪天坑
景天科	费菜	*Phedimus aizoon*	邓家坨天坑
大风子科	山拐枣	*Poliothyrsis sinensis*	大石围天坑景区
蔷薇科	小叶枇杷	*Eriobotrya seguinii*	大石围天坑、老屋基天坑
蔷薇科	川梨	*Pyrus pashia*	苏家天坑
蔷薇科	插田泡	*Rubus coreanus*	穿洞天坑、火卖天坑
桦木科	多脉鹅耳枥	*Carpinus polyneura*	大石围天坑、天坑坨天坑
苦苣苔科	乐业唇柱苣苔	*Chirita leyeensis*	穿洞天坑
石蝴蝶属	乐业石蝴蝶	*Petrocosmea leyeensis* ined.	穿洞天坑、熊家洞群
水玉簪属	宽翅水玉簪	*Burmannia nepalensis*（Miers）Hook. f.	茶洞天坑
兰科	川滇叠鞘兰	*Chamaegastrodia inverta*	大石围天坑

由于发现的乐业县域乃至百色片区分布新记录种较多，未予详细统计。如葫芦叶马兜铃、宽翅水玉簪（*Burmannia nepalensis*）、华空木

（*Stephanandra chinensis*）、鳞片水麻（*Debregeasia squamata*）等。葫芦叶马兜铃模式产地为田林，在云南和贵州局部有分布，本次调查发现在燕子天坑底部有分布。宽翅水玉簪属腐生植物，原记载分布于广西龙胜，但在本次调查过程中，发现在穿洞天坑和罗妹洞山坡林下均有较大的种群分布。

二、天坑群植被

大石围天坑群的森林植被主要是次生性的，并且以残存森林斑块的形式散布在灌木丛和灌草丛中，受周边环境干扰较强烈，因此植被类型的特征变化较大。不同的调查点群落的组成有明显差异，如果严格按照植被分类系统可能会形成不同的群系，所形成的群系分布面积往往很小，因此不同的人、不同的调查批次很可能得到不一样的植被分类系统。考虑存在这种可能性，如果森林斑块面积较大，群落环境会具有一定的缓冲，则这些小斑块有可能发展形成同样的群系。因此在植被分类中，一些斑块过小、特征又不是特别突出的，不再划分单独的群系。

除去农作物、果园等完全依赖于人工管理的植被以及水生植被，按照以上原则和实际情况，将大石围天坑群植被进行分类，见表6-7。

表6-7 大石围天坑群植被分类系统

序号	分类
一	针叶林（植被型组）
（一）	暖性针叶林（植被型）
1	细叶云南松林
2	短叶黄杉林
3	杉木林
4	马尾松林

续表

序号	分类
二	阔叶林（植被型组）
（一）	石灰岩常绿、落叶阔叶混交林（植被型）
1	青冈+化香树林
2	青冈+青檀林
3	滇青冈+化香树林
4	香木莲林
5	香叶树+球序鹅掌柴林
6	光皮梾木+日本杜英林
7	多脉鹅耳枥+小叶枇杷林
（二）	落叶阔叶林（植被型）
1	栓皮栎林
2	槲栎林
三	灌丛和灌草丛（植被型组）
（一）	石灰岩山地灌丛（植被型）
1	广西绣线菊灌丛
2	小果蔷薇+火棘灌丛
3	红背山麻杆+龙须藤灌丛
4	细棕竹灌丛
（二）	灌草丛（植被型）
1	毛轴蕨灌草丛
2	芒萁灌草丛

1. 主要植被类型及其特点

（1）针叶林

大石围天坑群的针叶林属暖性针叶林植被型，由于分布规模小，过于零星，受到外界的干扰较复杂，因此群丛的划分较困难。大致上可以划分为4个群系。

①细叶云南松林（*Pinus yunnanensis var. tenuifolia*）。细叶云南松林是广西最主要的针叶林类型，集中分布于红水河上游区域，在天坑群植被退化的大背景下，以残存的次生小片状零星分布为主。细叶云南松成林的不多，在麻洋垱、水井坳附近石山和土山交界处有少量分布，在局部区域甚至呈单株分布状态，如水井坳附近、老屋基天坑山脊等地，一般曾经历较强烈的人为干扰，在园区保护下，该群系大多正处于缓慢恢复中。在较好的分布区，其群落高约15米，连续性一般不是很好，少量混生栓皮栎（*Quercus variabilis*），灌木层中常见狭叶珍珠花（*Lyonia ovalifolia*）、硬毛木蓝（*Indigofera hirsuta*）等，草本层较常见的有散穗弓果黍（*Cyrtococcum patens*）、狗脊（*Woodwardia japonica*）等。在稀疏幼年林中，细叶云南松高3～10米，林下一般为芒萁（*Dicranopteris pedata*）（图6-4）。

②短叶黄杉林（*Pseudotsuga brevifolia*）。短叶黄杉林在大石围西峰及南垭口、神木天坑西峰及西侧、苏家天坑坑口等能形成局部群落，海拔1300～1400米。但更多的时候仅数株分布于天坑口山脊，如穿洞天

图6-4　细叶云南松林

坑、茶洞天坑、甲蒙天坑、白洞天坑等的坑口山脊均有分布，大石围西峰的山坡林中有2株分布。在不同的区域，短叶黄杉的伴生树种各不相同，可能与同样适应峰顶干旱环境的种类共同组成群落，如乌冈栎（*Quercus phillyraeoides*）、化香树、多脉鹅耳枥等。灌木层种类则以倒卵叶旌节花（*Stachyurus obovatus*）、滇鼠刺（*Itea yunnanensis*）、凸尖越桔（*Vaccinium cuspidifolium*）为主，草本层以分散的苔草属种类、抱石莲（*Lepidogrammitis drymoglossoides*）、石韦属植物为主。根据其伴生树种，大致上可划分为短叶黄杉＋多脉鹅耳枥—乌冈栎—苔草群系、短叶黄杉＋化香树—滇鼠刺—蕨类群系2类。

样地以短叶黄杉＋多脉鹅耳枥—乌冈栎—苔草群落为主，样地记录于大石围西峰，群落高约12米，郁闭度0.6。在400平方米范围内记录到木本植物19种。群落大致可以分作3层，其中乔木层短叶黄杉呈明显优势，重要值达22.8（总数100），次优种多脉鹅耳枥重要值为17.6；灌木层以滇鼠刺、变叶花椒、凸尖越桔等种类为主；草本层极稀疏，主要是小片分布的耐旱植物，如抱石莲、卷柏属植物等（图6-5）。

图6-5 短叶黄杉群系

③杉木林（*Cunninghamia lanceolata*）。天坑群的杉木林主要分布在碎屑岩的酸性土壤区（图6-6），如黄猄洞景区、穿洞景区、大曹天坑附近的碎屑岩土山，其群落为人工种植。杉木林的林下情况视人为干扰以及种植密度而定，有的只有草本层，有的还兼有灌木层，但灌木一般比较稀疏，比较常见的有盐肤木（*Rhus chinensis*）、菝葜属的种类等。草本植物则以五节芒（*Miscanthus floridulus*）、白茅（*Imperata cylindrica*）、丈野古草（*Arundinella decempedalis*）、弓果黍等禾本科植物为主，乌毛蕨（*Blechnum orientale*）、狗脊蕨也较常见。

图6-6　碎屑岩区的人工杉木林

④马尾松林（*Pinus massoniana*）。天坑群的马尾松林主要分布在碎屑岩的酸性土壤区（图6-7），如黄猄洞景区附近，其群落为人工种植。其林下植被情况视人为干扰以及种植密度而定，有的只有草本层，有的还兼有灌木层，灌木层以盐肤木、穗序鹅掌柴（*Schefflera delavayi*）等为主，草本层植物以五节芒、白茅等禾本科植物和乌毛蕨、肾蕨等蕨类植物为主。

图6-7　人工马尾松林

（2）阔叶林

①青冈＋化香树林（*Cyclobalanopsis glauca* ＋ *Platycarya strobil-acea*）。该类型在甲蒙天坑、黄猄洞天坑一带均有小面积分布。一般群落内郁闭度为0.8左右。以甲蒙天坑记录的群落为例。群落乔木层大多可分为2个亚层，第一亚层树种较简单，青冈占据明显优势，化香树混夹生长，其他种类数量很少；第二亚层仍以青冈为主，但数量和化香树相当，此外也见黄梨木（*Boniodendron minius*）、紫弹树（*Celtis biondii*）、短序鹅掌柴（*Schefflera bodinieri*）、掌叶木等。灌木层以乔木幼树居多，都是这一区域较常见的种类，如掌叶木、樟、铁榄（*Sinosideroxylon pedunculatum*）、任豆（*Zenia insignis*）等，真正的灌木只有樟叶荚蒾（*Viburnum cinnamomifolium*）、竹叶花椒（*Zanthoxylum armatum*）、石山棕等。草本层分布很不均匀，在土壤堆积较厚的区域密集生长，在裸岩区则非常稀疏。其中褐果薹草（*Carex brunnea*）占优势，狭基巢蕨（*Neottopteris antrophyoides*）也较常见，石韦属、卷柏属的蕨类在岩石上伴生。乔木幼苗较为常见。

总体上这类群落建群种的优势明显，幼苗幼树较多，群落相对稳定。

②青冈+青檀林（*Cyclobalanopsis glauca* + *Pteroceltis tatarinowii*）。该类型在罗妹洞景区靠近乐业县城一侧的山坡有分布。由于在乐业县城附近，且罗妹洞被辟为景区的时间较长，因此植被保存得较好。样地位于海拔约1100米的山坡，郁闭度达0.85。群落乔木层具有2个亚层，第一亚层青冈优势明显，次优种为青檀（*Pteroceltis tatarinowii*），伴生常绿树种还有厚壳树（*Ehretia acuminata*）和粗糠柴（*Mallotus philippensis*），落叶树种有翅荚香槐（*Cladrastis platycarpa*）、朴树（*Celtis sinensis*）等；第二亚层以青冈和掌叶木为主，青檀也较多，混生黄连木、化香树、任豆、南酸枣（*Choerospondias axillaris*）、榔榆（*Ulmus parvifolia*）、粗糠柴、黄杞（*Engelhardia roxburghiana*）、柞木（*Xylosma congesta*）、革叶铁榄（*Sinosideroxylon wightianum*）、圆叶乌桕（*Sapium rotundifolium*）、鸡仔木（*Sinoadina racemosa*）等，残留少量齿叶黄皮（*Clausena dunniana*）等较喜阳的种类。灌木层以幼苗幼树为主，真正的灌木种类不多，如细棕竹。草本层分布较稀疏，主要为褐果薹草和山麦冬（*Liriope spicata*）。因此林下灌木层和草本层不发达，显得相对空旷（图6-8）。

图6-8 青冈+青檀群系

③滇青冈＋化香树林（*Cyclobalanopsis glaucoides* + *Platycarya strobilacea*）。这类混交林在大石围天坑以南的磨地、甲蒙天坑一带有分布，总体上面积不大，主要分布于较偏远、陡峭的石山以及村庄边的风水林。由于分布面积小，群丛不再细分。以磨地附近的群落为例进行说明。

该处群落分布在大石围天坑以南，海拔1480米左右的洼地边缘。洼地底部有数户居民，洼地很可能被作为风水山被保留下来。群落中滇青冈占明显优势，其胸径20～30厘米，群落高度12～15米。混生树种有樟科楠属的植物，以及化香树等落叶树种。其灌木层以鹅掌柴属、花椒属植物为主。草本层贫乏，以石韦属蕨类为主。

④香木莲林（*Manglietia aromatica*）。此群落只分布于大石围天坑底部。其他天坑只有零星分布，不能形成群落，如神木天坑、流星天坑、白洞天坑内有数株香木莲，分布面积不大，不能形成群落。有可能是因为其他天坑坑底面积有限，不利于发展形成香木莲群落。

该群落中香木莲占据较明显优势，次优种为泡花树属1种。伴生种类以常绿树种为主，如假柿木姜子（*Litsea monopetala*）、中华野独活（*Miliusa sinensis*）、罗浮槭（*Acer fabri*）、日本杜英（*Elaeocarpus japonicus*）等，落叶树种有掌叶木、青檀和构树3种，仅各有1株。群落灌木层以中华野独活为主，也大多是常绿成分。草本层则以狭基巢蕨、翅枝马蓝（*Strobilanthes pateriformis*）、球花马蓝（*Strobilanthes dimorphotricha*）、深绿短肠蕨（*Allantodia viridissima*）等喜阴湿的偏热性成分占据明显优势。层间植物种类也较多，但以小型藤本为主。香木莲林更偏向于常绿林性质，可能与天坑底部湿热的环境相关。

⑤香叶树＋球序鹅掌柴林（*Lindera communis* + *Schefflera pauciflora*）。该类型与前述青冈林不同，一般分布于遭受砍伐的次数多、时间间隔短，并在停止砍伐后自然恢复起来的区域。在发育时间较长的区域，群落郁闭度增大，种类组成趋向复杂。一般乔木层可以分为2个亚层，第一亚层以南酸枣、香木莲为主，少量较高大的香叶树生长其中；第二亚层则以香叶树占据绝对优势，但混生种类较丰富，有

化香树、厚壳树、粗糠柴、朴树、钟花樱桃（*Cerasus campanulata*）等。灌木层和草本层相对稀疏。灌木层除乔木幼树外，耐阴的球序鹅掌柴（*Schefflera pauciflora*）逐渐占据优势，岩生鹅耳枥（*Carpinus rupestris*）、掌叶木、簇叶新木姜（*Neolitsea confertifolia*）混生其中。林下的草本也以喜阴湿的楼梯草属为主，常常相连成片，江南星蕨（*Microsorum fortune*）、似薄唇蕨（*Leptochilus decurrens*）、普通凤丫蕨（*Coniogramme intermedia*）等都有分布，但数量不多（图6-9）。

图6-9 香叶树+球序鹅掌柴群系

⑥光皮梾木＋日本杜英林（*Cornus wilsoniana*＋*Elaeocarpus japonicus*）。这种类型分布于神木天坑内的中部。群落中落叶成分占据明显优势，常绿成分比重减弱。以神木天坑内的样地为例（图6-10）。在400平方米范围内共记录到乔木植物23种，重要值最大的前三位都是落叶树种，分别是光皮梾木（*Cornus wilsoniana*）、粗柄槭（*Acer tonkinense*）和多脉鹅耳枥，常绿树种日本杜英和通脱木（*Tetrapanax papyrifer*）的重要值分别排在第四位和第五位。

乔木层可以分为2个亚层，但第二亚层以第一亚层的幼树为主，

图6-10　光皮桦木群落样地

其他种类还有球序鹅掌柴等。林下灌木和草本种类较多，除各类群植物外，兰科植物也有少量分布。地被除苔藓植物外，裸露岩石上生长苦苣苔科、铁角蕨科的小草本，如乐业唇柱苣苔、长叶铁角蕨（*Asplenium prolongatum*）等。

该类型落叶成分优势强过常绿成分，体现一定的旱生适应性，是植被由天坑底部向坑顶及山脊过渡的一个中间类型。林内已出现短叶黄杉等常见于山脊的种类。

⑦多脉鹅耳枥＋小叶枇杷林（*Carpinus polyneura*＋*Eriobotrya seguinii*）。该类型植被主要分布在山顶较平缓的区域，也是旱生环境的代表类型。由于分布区域地势相对平缓，因此较短叶黄杉或化香树的分布环境稍湿润一些，但林缘区域近山脊区，土壤稀少，因此旱生化明显。该类型分布于大石围西峰及外侧山沟、老屋基天坑山脊，以大石围西峰的一片林子最为典型（图6-11）。

该群落高达15米，乔木层可以明显分为2个亚层，第一亚层以多脉鹅耳枥为主，也混生少量植株较高的小叶枇杷，并伴生黄杞、乌冈栎等种类，总体上冠层连续性较低；第二亚层高10米以下，小叶枇杷占据绝对优势，异叶花椒（*Zanthoxylum ovalifolium*）也很多，伴生种类

图6-11　多脉鹅耳枥+小叶枇杷群落

有云贵鹅耳枥（*Carpinus pubescens*）、小果朴、鼠刺（*Itea chinensis*）
等。灌木层以化香树和小叶枇杷的幼树为主，多脉鹅耳枥的幼树相
对较少。真正的灌木有棘刺卫矛（*Euonymus echinatus*）、蓪梗花
（*Abelia uniflora*）、针齿铁仔（*Myrsine semiserrata*）等。草本层则主
要是薹草属及石韦属的植物，分布不均匀，且数量稀少。

　　落叶阔叶林在园区内并不典型。它的出现主要是由于人为干扰导致
的常绿成分缺失。这种群落往往并不稳定，随着时间的推移，常绿成分
不断增加，往往形成石灰岩区的常绿阔叶、落叶阔叶混交林。

　　⑧栓皮栎林（*Quercus variabilis*）。见于老屋基天坑附近的平缓
山坡。该群落位于海拔约1260米处。群落高约13米，郁闭度约0.6。
乔木层仅一个层次，栓皮栎形成单优，混生的樟科植物幼小，不能形
成层片。灌木层不乏化香树这类落叶树的幼树，以及长柱十大功劳
（*Mahonia duclouxiana*）、悬钩子蔷薇等灌木。草本层较稀疏，主要是

薹草属和一些禾本科的植物。

⑨槲栎林（*Quercus aliena*）。主要分布于黄猄洞景区，分布面积较小。乔木层也只有1层，群落中常绿成分很少，主要是樟科和山茶科的植物，有时会混生马尾松等针叶树。灌木层以乔木幼树居多，狭叶珍珠花等较为常见。

（3）灌丛和灌草丛

①小果蔷薇＋火棘灌丛（*Rosa cymosa＋Pyracantha fortuneana*）。该群系分布于罗妹洞景区、穿洞天坑景区。该类灌丛为正在恢复中的类型，群落覆盖度为80%，高1.5～2米。群落中小果蔷薇和火棘占优势，广西绣线菊、粉叶栒子较常见。群落中的幼树有香叶树、化香树、朴树、榔榆等石灰岩森林中常见的种类，表明该群落具备了较好的发展基础，可以较好地向丛林方向发展（图6-12）。

草本层覆盖率较低，大约为40%。蕨菜优势明显，地果、蜈蚣凤尾蕨也有分布。

藤本植物有石岩枫、粗叶悬钩子、老虎刺等。

图6-12　小果蔷薇+火棘群系

②广西绣线菊灌丛（*Spiraea kwangsiensis–Woodwardia japonica*）。以广西绣线菊为建群种的灌丛在穿洞天坑景区、老屋基天坑一带都有分布。穿洞天坑景区熊家洞附近山坡的广西绣线菊灌丛，群落覆盖度为80%左右，高1.5～2.0米，广西绣线菊占优势，火棘（*Pyracantha fortuneana*）、粉叶栒子（*Cotoneaster glaucophyllus*）、来江藤（*Brandisia hancei*）、革叶铁榄均有分布，乔木种类较少。群落仍处于较低的演替阶段，但已进入正常的顺向演替进程，正不断得到恢复。

草本层覆盖度约20%，其中狗脊蕨较多，伴生种类有拟大苞半蒴苣苔、假鞭叶铁线蕨、光石韦等。

藤本植物较多，有蔷薇悬钩子、白木通（*Akebia trifoliata*）、尖叶链珠藤、亮叶雀梅藤（*Sageretia lucida*）等。

③红背山麻杆＋龙须藤灌丛（*Alchornea trewioides ＋ Bauhinia championii*）。该群系是石灰岩区广泛分布的一种类型，在园区内主要分布于天坑群的石山灌丛。群落高1.2～1.8米，覆盖度在70%以上。群落中红背山麻杆和龙须藤占据明显优势。一般二者分布并不均匀，红背山麻杆在土层较厚的地方密集分布，而龙须藤则依靠其攀援能力，占据岩石裸露。群落中其他种类有椆榆、小果朴（*Celtis cerasifera*）、多叶勾儿茶（*Berchemia polyphylla*）等。

草本层以蕨类植物和禾本科植物为主，常见的有剑叶凤尾蕨、荩草（*Arthraxon hispidus*）、刚莠竹（*Microstegium ciliatum*）等。

④细棕竹灌丛（*Rhapis gracilis*）。该群系分布于大石围天坑底部（图6-13）。在天坑坑底部东侧斜坡，群落高2～4米，覆盖度在80%以上，以细棕竹为主，偶见掌叶木、假柿木姜子等幼苗。群落下层主要为狭基巢蕨、翅枝马蓝、球花马蓝、短肠蕨等草木。由于大石围天坑人迹罕至，该群系保存完好，天坑生境为该群落的保存提供了地质基础。在园区其他森林较为湿润的地带，林下零星分布有细棕竹，但并不能形成如大石围天坑底部这样集中的细棕竹群落。

⑤毛轴蕨灌草丛（*Pteridium revolutum*）。该群系是大石围天坑

图6-13　细棕竹群系（大石围天坑底部）

群石灰岩区分布面积最广泛的一种植被类型。群落高达1～2米，覆盖度通常达90%以上。毛轴蕨占据绝对优势。混生的木本植物种类视距离木本植被的距离而定，一般离木本植被越近，混生的种类越多，这与物种的传播和种群的建立有关。多数情况下，混生的木本种类都以喜阳的树种和灌刺类植物为主，以蔷薇科、鼠节科、芸香科的植物为主，如茅莓（*Rubus parvifolius*）、川莓（*Rubus setchuenensis*）、高粱泡（*Rubus lambertianus*）、火棘、悬钩子蔷薇、皱叶雀梅藤（*Sageretia rugosa*）、花椒簕（*Zanthoxylum scandens*）、竹叶花椒等，此外盐肤木、蓝黑果荚蒾（*Viburnum atrocyaneum*）、木蓝属植物也较常见。常见乔木幼树有化香树、小果朴等。常见的混生草本植物有金丝草（*Pogonatherum crinitum*）、凤尾蕨属的种类，五节芒也有分布。

　　在一些大片的山坡，常形成非常纯的毛轴蕨群落，这是由于木本植物传播与定植上的困难，群落的演替十分缓慢。在灌丛或者森林附近的毛轴蕨群落则很快被木本植物侵入，演替成灌草丛。

　　⑥芒萁灌草丛（*Dicranopteris pedata*）。芒萁群系主要分布在酸

性土区域，岩溶区分布面积较小，只在岩溶区酸性土山坡有少量分布，特别是岩溶区夹层状出露的酸性土区，如在大石围西峰靠近南垭口的步道边有小片分布。其群落高0.8～1米，覆盖度达80%以上。一般只有1层，芒萁的优势明显。常见混生种类有狭叶珍珠花、羊耳菊（*Inula cappa*）、杜氏翅茎草（*Pterygiella duclouxii*）等。期间还可能混生乔木幼树，如云贵鹅耳枥等。

2. 植被分布规律

广西乐业大石围天坑群及其周边岩溶区域植被的基调为灌草丛，森林基本是残存的片状分布。这一分布现状不仅体现了植被对石灰岩天坑群自然环境的适应，而且体现了人为干扰对植被的决定性影响。天坑群分布的峰丛洼地区域，从现存植被来看，该区域曾经历了大面积的森林砍伐，植被严重退化，木本种质资源严重丧失，从而形成以毛轴蕨为主的荒草坡。这种荒草坡在峰丛中连续、大面积分布，在外观上形成鲜明的季节动态，如图6-14至图6-18所示。

在这类毛轴蕨灌草丛山坡间，残存的木本植物或零星分布，或在山沟、山脚、峰顶等地呈小片状分布，它们是当地植被退化后物种保存的最后堡垒。林内不仅保存有丰富的物种，而且在干扰减轻的情况下，成为木本植物向外扩展的根据地（图6-19），这可以从大石围天坑附近10年前后照片的对比中明显看出（图6-14、图6-15）。在缺乏种质资源的区域，由于植被退化时间长，生境条件已经根本改变，温度和水分的变化幅度都很剧烈，即使木本植物种源能传播，种群建立也相当困难，因此演替进展十分缓慢，10年间毛轴蕨的优势局面变化轻微。而在有残存林地的区域，木本植被面积有较明显的扩展，一方面由残存林向周边扩散的种源数量相对多；另一方面，森林形成的小生境使得温度和水分条件更加适应幼苗的生长，提高了木本植物扩展的速度，10年前后对比效果明显。因此，这种孤立和小斑块状的木本植被为植被演替提供了种质资源，在灌草丛向灌木丛演替的过程中发挥了重要作用，必将最终促进

图6-14　大石围天坑周边的毛轴蕨灌草丛景观（2016年8月）

图6-15　大石围天坑周边的毛轴蕨灌草丛景观（2006年6月）

图6-16 拉洞天坑周边的毛轴蕨灌草丛山坡（2016年4月）

图6-17 茶洞天坑周边的毛轴蕨灌草丛山坡（2016年8月）

图6-18 穿洞景区周边的毛轴蕨灌草丛山坡（2016年8月）

图6-19 大石围西峰因建设正在被砍伐的残片状森林

大石围天坑群由草本植被向森林植被发展。现存的森林植被不管斑块面积大小，都是十分宝贵的资源，值得重视和保护。

森林的分布与当地的文化、人类活动到达的难易程度有关，大致可以分为2类。一类是村庄附近的风水林，与广西各地的风水林没有本质上的不同，风水林有时覆被村庄附近整个或者数个石灰岩山峰，有时仅存在于山脚区域（图6-20）。另一类则属于土地开发利用困难或价值不大的地形区保留下来的森林，如远离村庄及居民点的山区、陡峭的山脊、不能到达的天坑底部等。山脊区域由于土地难以利用，因此大多被当作柴薪砍伐地，干扰强度较小，森林得以留存。难以直接到达或者面积较小、地势陡峭的天坑底部，也因破坏的难度大，森林得以保留下来，如大石围天坑（图6-21）、茶洞天坑、白洞天坑、神木天坑（图6-22）等天坑的森林。

较易到达、相对平缓、土壤层堆积较厚的天坑底部基本都曾被开垦为农用耕地，如老屋基天坑（图6-23）、流星天坑等。随着世界地质公园的建立，加强对大石围天坑群的保护和管理，加上当地青壮年劳动力外出务工，一些耕地逐渐弃荒形成灌草丛，如茶洞天坑（图6-24）。部分自然条件好的天坑逐渐恢复成林地，如邓家坨天坑（图6-25）。

植被的分布还深刻体现着石灰岩生境对植物群落的影响。有些和地下伏流相通，湿度相对较大的天坑底部，分布的群落中常绿成分明显占据更大优势，落叶成分只是间杂生长，在群落中的重要值占比很小。林下种类耐阴喜湿特征明显，天胡荽金腰、冷水花属、楼梯草属植物高大茂密，短肠蕨属植物甚至形成明显的地上茎，如大石围天坑底部的香木莲林，穿洞天坑底部以樟科和五加科植物为主的森林。由天坑底部向周边山脊方向，环境的干旱程度增加，群落中的落叶成分也不断增加，如神木天坑侧壁中部，光皮梾木和粗柄械占据了群落重要值的前两位。在山脊区域，岩溶发育导致降水漏失，加重了岩溶的地质性干旱程度，因此分布的是更耐旱的植被，其中的代表种类有短叶黄杉、岩生翠柏等裸子植物，其混生的阔叶树种也具有更明显的旱生性质，如典型的古地

图6-20　穿洞天坑梅家山庄附近的风水林

图6-21　俯瞰大石围天坑底部的森林

图6-22 神木天坑底部森密布

图6-23 老屋基天坑底部的耕地

图6-24　茶洞天坑底部的灌草丛

图6-25　邓家坨天底部部恢复中的林地

中海成分乌冈栎、落叶成分化香树等。这些地方分布的草本植物非常稀少。天坑植被与天坑的发育阶段也息息相关，处于发育初期的燕子天坑（倒钟型），由于坑口小，进入坑底的光、热和水分等都难以支持森林的发育，尽管燕子天坑未遭受人为破坏，仍然发育喜阴湿的灌草丛，如图6-26所示。

　　在天坑群附近的碎屑岩区域，由于土壤层堆积较厚，植物生长条件

图6-26　燕子天坑坑底的灌草丛

优于岩溶区。在原有森林被破坏之后，较易于再次恢复成森林植被。这些区域发展了较多的人工林，如杉木林，马尾松林等。

　　当前，由于世界地质公园的管理以及景区的科学开发，大石围天坑群的植被得到了较好的保护。经济发展与劳务输出减轻了人类活动干扰的强度，也使得植被得到较好的恢复。只在开发时因基础建设造成小部分区域的植被破坏，这种情况应该结合植被分布规律，尽量全面考虑，科学开发，严格控制。

三、天坑群特色植物

（1）香木莲（*Manglietia aromatica* Dandy）

乔木，高达35米，胸径1.2米，树皮灰色，光滑；新枝淡绿色，除芽被白色平伏毛外全株无毛，各部揉碎有芳香；顶芽椭圆柱形，长约3厘米，直径约 1.2厘米。叶薄革质，倒披针状长圆形、倒披针形，长15～19厘米，宽6～7厘米，先端短渐尖或渐尖，1/3以下渐狭至基部稍下延，侧脉每边12～16条，网脉稀疏，干时两面网脉明显凸起；叶柄长1.5～2.5厘米，托叶痕长为叶柄的1/4～1/3。花梗粗壮，长1～1.5厘米，直径0.6～0.8厘米，苞片脱落痕1，距花下5～7毫米；花被片白色，11～12片，4轮排列，每轮3片，外轮3片，近革质，倒卵状长圆形，长7～11厘米，宽3.5～5厘米，内数轮厚肉质，倒卵状匙形，基部成爪，长9～11.5厘米，宽4～5.5厘米；雄蕊约100枚，长1.5～1.8厘米，花药长0.7～1厘米，药隔伸出长2毫米的尖头，雌蕊群卵球形，长1.8～2.4厘米，心皮无毛（图6-27）。聚合果鲜红色，近球形或卵状球形，直径7～8厘米，成熟蓇葖沿腹缝及背缝开裂。花期5～6月，果期9～10月。

图6-27　香木莲花

产于云南东南部、广西西南部。生于海拔900～1600米的山地、丘陵常绿阔叶林中。模式标本采自广西百色。在大石围天坑、神木天坑、白洞天坑、罗家天坑、穿洞天坑均有分布，天坑为其保育起到重要作用。

（2）掌叶木 [*Handeliodendron bodinieri* (H.Lév.) Rehder]

落叶乔木或灌木，高1～8米，树皮灰色；小枝圆柱形，褐色，无毛，散生圆形皮孔。叶柄长4～11厘米；小叶4片或5片，薄纸质，椭圆形至倒卵形，长3～12厘米，宽1.5～6.5厘米，顶端常尾状骤尖，基部阔楔形，两面无毛，背面散生黑色腺点；侧脉10～12对，拱形，在背面略突起；小叶柄长1～15毫米。花序长约10厘米，疏散，多花；花梗长2～5毫米，无毛，散生圆形小鳞秕；萼片长椭圆形或略带卵形，长2～3毫米，略钝头，两面被微毛，边缘有缘毛；花瓣长约9毫米，宽约2毫米，外面被伏贴柔毛；花丝长5～9毫米，除顶部外被疏柔毛。蒴果全长2.2～3.2厘米，其中柄状部分长1～1.5厘米；种子长8～10毫米。花期5月，果期7月。

我国特有物种，分布于贵州南部和广西西北部。生于海拔500～800米的林中或林缘。模式标本采自贵州荔波。在穿洞天坑、拉洞天坑、大石围天坑、神木天坑、流星天坑均有分布，天坑为其保育起到重要作用。

（3）方竹 [*Chimonobambusa quadrangularis* (Fenzi) Makino]

竿直立，高3～8米，粗1～4厘米，节间长8～22厘米，呈钝圆的四棱形，幼时密被向下的黄褐色小刺毛，毛落后仍留有疣基，故甚粗糙（尤以竿基部的节间为然），竿中部以下各节环列短而下弯的刺状气生根（图6-28）；竿环位于分枝各节者隆起，不分枝的各节则较平坦；箨环初时有一圈金褐色绒毛环及小刺毛，以后渐变为无毛。箨鞘纸质或厚纸质，早落性，短于其节间，背面无毛或有时在中上部贴生极稀疏的小刺毛，鞘缘生纤毛，纵肋清晰，小横脉紫色，呈极明显方格状；箨耳及箨舌均不甚发达；箨片极小，锥形，长3～5毫米，基部与箨鞘相连接处无关节。末级小枝具2～5叶；叶鞘革质，光滑无毛，具纵肋，在背部上方近于具脊，外缘生纤毛；鞘口繸毛直立，平滑，易落；叶舌低矮，截

图6-28 方竹

形，边缘生细纤毛，背面生有小刺毛；叶片薄纸质，长椭圆状披针形，长8～29厘米，宽1～2.7厘米，先端锐尖，基部收缩为一长约1.8毫米的叶柄，叶片上表面无毛，下表面初被柔毛，后变为无毛，次脉4～7对，再次脉为5～7条。花枝呈总状或圆锥状排列，末级花枝纤细无毛，基部宿存有数片逐渐增大的苞片，具稀疏排列的假小穗2～4枚，有时在花枝基部节上即具一假小穗，此时苞片较少；假小穗细长，长2～3厘米，侧生假小穗仅有先出叶而无苞片；小穗含2～5朵小花，有时最下1或2朵花不孕，而仅具微小的内稃及小花的其他部分；小穗轴节间长4～6毫米，平滑无毛；颖1～3片，披针形，长4～5毫米；外稃纸质，绿色，披针形或卵状披针形，具5～7脉，内稃与外稃近等长；鳞被长卵形；花药长3.5～4毫米；柱头2，羽毛状。

产于江苏、安徽、浙江、江西、福建、台湾、湖南和广西等省区。日本也有分布。欧美一些国家有栽培。模式标本采自浙江温州。在大石围天坑、神木天坑、白洞天坑林下零星分布，天坑为其保育起到重要作用。

（4）细棕竹（*Rhapis gracilis* Burret）

丛生灌木，高1～1.5米，茎圆柱形，有节，直径约1厘米。叶掌状深裂成2～4裂片，裂片长圆状披针形，长15～18厘米，宽1.7～3.5厘米，具3～4条肋脉，先端通常渐狭，有不规则的急尖的齿，边缘及肋脉上具粗糙的细锯齿；横小脉不多，明显波状；叶柄很纤细，长8～11厘米，宽1.5～2毫米，上面扁平，背面稍圆，截面呈半圆形，边缘具脱落性的鳞秕状物顶端具钝三角形或几圆形的小戟突；叶鞘被褐色、网状的细纤维。花序长约20厘米，分支少，极张开；花序梗上有2～3个大佛焰苞，管状，长4～7厘米，顶端一侧裂开；花小，雌雄异株。果实球形，蓝绿色，直径8～9毫米；果被高5毫米，花萼几乎裂至一半，裂片形；花冠裂片变成长而纤细的实心柱状体，长3～4毫米；种子1颗，球形，直径6毫米；果期10月。

产于广东西部、海南及广西南部。模式标本采自广东云浮。在大石围天坑底部林下集中分布，天坑为其保育起到重要作用。

（5）天坑瑞香（*Daphne tiankengensis* ined.）

燕子天坑发现的瑞香科新种，花为白色。目前仅在险峻的燕子天坑底部零星分布，天坑为其保育起到了关键作用。

（6）岩黄连（*Corydalis saxicola* Bunting）

淡绿色易萎软草本，高30～40厘米，具粗大主根和单头至多头的根茎。茎分支或不分支；枝条与叶对生，花葶状。基生叶长10～15厘米，具长柄，叶片约与叶柄等长，二回至一回羽状全裂，末回羽片楔形至倒卵形，长2～4厘米，宽2～3厘米，不等大2～3裂或边缘具粗圆齿。总状花序长7～15厘米，多花，先密集，后疏离；苞片椭圆形至披针形，全缘，下部的苞片约长1.5厘米，宽1厘米，上部的苞片渐狭小，全部长于花梗；花梗长约5毫米；花金黄色，平展；萼片近三角形，全缘，长约2毫米；外花瓣较宽展，渐尖，鸡冠状突起仅限于龙骨状突起之上，不伸达顶端。上花瓣长约2.5厘米，约占花瓣全长的1/4，稍下弯，末端囊状，蜜腺体短，约贯穿距长的1/2；下花瓣长约1.8厘米，基部具小瘤状突起；内花瓣长约 1.5厘米，具厚而伸出顶端的鸡冠状突起；雄蕊束披针形，中部以上渐缢缩；柱头二叉状分裂，各枝顶端具二裂的乳突。蒴果线形，下弯，长约2.5厘米，具1列种子。

产于浙江（宁波）、湖北（宜昌的三游洞）、陕西（沔县）、四川（城口、古蔺、金阳、越西、稻城）、云南（西畴）、贵州（独山、遵义、瓮安）、广西（凤山、靖西、德保），散生于海拔600～1690米的石灰岩缝隙中，在四川西南部海拔可升至2 800～3900米。模式标本采自浙江宁波。在大石围天坑、穿洞天坑、和平洞、熊家洞群的岩壁上均有分布，天坑为其保育起到重要作用。

（7）八角莲 ［*Dysosma versipellis*（Hance）M. Cheng］

多年生草本，植株高40～150厘米。根状茎粗壮，横生，多须根；茎直立，不分支，无毛，淡绿色。茎生叶2枚，薄纸质，互生，盾状，近圆形，直径达30厘米，4～9掌状浅裂，裂片阔三角形、卵形或卵状长圆形，长2.5～4厘米，基部宽5～7厘米，先端锐尖，不分裂，上面无毛，背面被柔毛，叶脉明显隆起，边缘具细齿；下部叶柄长12～25厘米，上部叶柄长1～3厘米。花梗纤细、下弯、被柔毛；花深红色，5～8朵簇生于离叶基部不远处，下垂；萼片6枚，长圆状椭圆形，长0.6～1.8厘米，宽6～8毫米，先端急尖，外面被短柔毛，内面无毛；花瓣6枚，勺状倒卵形，长约2.5厘米，宽约8毫米，无毛；雄蕊6枚，长约1.8厘米，花丝短于花药，药隔先端急尖，无毛；子房椭圆形，无毛，花柱短，柱头盾状。浆果椭圆形，长约4厘米，直径约3.5厘米。种子多数。花期3～6月，果期5～9月。

产于湖南、湖北、浙江、江西、安徽、广东、广西、云南、贵州、四川、河南、陕西。在神木天坑、穿洞天坑、大石围天坑的林下零星分布，天坑为其保育起到重要作用。

（8）岩石翠柏（*Calocedrus rupestris* Aver.，Hiep et L. K. Phan）

常绿乔木，高可达25米，树冠广圆形，胸径可达1米，树皮棕灰色至灰色，纵裂，片状剥落，树脂道多，树脂丰富，呈橙黄色，有松香味；小枝向上斜展、扁平、排成平面，明显成节。鳞叶交叉对生，先端宽钝状至钝状，叶基下延，两面异型，中央之叶扁平，长（1）2～6（7）毫米，宽（1.5）2～2.5毫米，两侧之叶对折，楔状，长（1.5）2～6（7）毫米，宽（0.3）0.5～0.75（1）毫米，瓦覆于中央之叶的侧边，无腺体，叶背通常绿色或具不显著白色气孔带。雌雄同株。雄球花单生于枝顶，圆柱形，长（4.5）5～6毫米，宽1.5～2（2.2）毫米，具（8）9～11对雄蕊（至少2～4对不育），每雄蕊具2～6个下垂花药；雄蕊长0.8～1（1.2）毫米，宽1～1.2毫米，钝圆至宽钝状，具不规则的边缘，先端钝状或宽钝状，浅绿色至浅棕色；花药宽卵形至近圆形，长0.3～0.4毫米；着生雌球花及球果的小枝圆柱形或四棱形，长0.5～1（1.5）毫米，具6～8（12）枚鳞片。球果绿褐色，单生或成对生于枝顶，卵形，长（4）5～6（7）毫米，宽（2.5）3～4毫米，当年成熟时开裂；种鳞2对，扁平，木质或有时稍革质，宽卵状，长4～6毫米，宽2.5～4毫米，下面一对可育，熟时开裂，通常种子2粒（很少1粒），先端弯曲而圆，表面粗糙，有时稍平坦或凹陷，无尖头；上面一对不育，结合而生；种子卵圆形或椭圆形，先端急尖，微扁，上部具2个不等大的翅，长4～5毫米。

在广西主要分布于北部和西北部的环江、乐业、巴马、东兰、都安、凤山的石灰岩地区，在神木天坑、大石围天坑、穿洞天坑、黄猄洞天坑零星分布，天坑为其保育起到重要作用。

四、天坑群动物多样性及区系

根据文献记载和多次实地调查结果，大石围天坑群所在的乐业—凤山世界地质公园乐业园区已知有脊椎野生动物403种，分属5纲30目98科241属，其中哺乳纲51种，鸟纲238种，爬行纲54种，两栖纲19

种，鱼纲41种（表6-8）。

表6-8　乐业—凤山世界地质公园乐业园区各类动物种类情况

纲	目	科	属	种
哺乳纲	7	18	38	51
鸟纲	16	52	122	238
爬行纲	2	13	40	54
两栖纲	2	5	10	19
鱼纲	3	10	31	41
合计	30	98	241	403

1. 兽类

大石围天坑群及其周边的兽类优势种群为啮齿目和食肉目的种类，其中食肉目共分布有21种，分属6科17属，占乐业园区兽类总数的41.18%；啮齿目17种4科11属，占乐业园区兽类总数的33.33%。51种兽类中，分布于华南区的物种有11种，西南区物种1种，华中华南区物种11种，华中华南西南区物种8种，西南华南区物种2种，广布种14种。可见广泛分布于东洋界和古北界的物种居多，其次是华南区和华中华南区物种。

（1）国家保护动物

列为国家一级保护动物的有云豹（*Neofelis nebulosa*）、豹（*Panthera pardus*）、林麝（*Moschus berezovskii*），共3种。列为国家二级保护动物的有猕猴（*Macaca mulatta*）、斑林狸（*Prionodon pardicolor*）、大灵猫（*Viverra zibetha*）、小灵猫（*Viverricula indica*）、黑熊（*Ursus thibetanus*）、水獭（*Lutra lutra*）、黄喉貂（*Martes flavigula*），共7种。

（2）国际保护珍稀濒危物种

列入世界自然保护联盟（IUCN）的哺乳纲物种有9种，其中林麝列为濒危等级；豹、大灵猫、水獭、中华鬣羚和猪獾（*Arctonyx collaris*）

列为近危等级；云豹、大斑灵猫（*Viverra megaspila*）、黑熊列为易危等级。列入《濒危野生动植物国际贸易公约》（CITES）的物种共28种，其中附录Ⅰ物种6种，分别是云豹、豹、班林狸、黑熊、水獭、中华鬣羚（*Capricornis milneedwardsii*）；附录Ⅱ物种3种，分别是猕猴、豹猫（*Prionailurus bengalensis*）、林麝；附录Ⅲ物种7种，分别是花面狸（*Paguma larvata*）、大灵猫、小灵猫、食蟹獴（*Herpestes urva*）、黄喉貂、黄腹鼬（*Mustela kathiah*）、黄鼬（*Mustela sibirica*）。

（3）广西重点保护动物

列为广西重点保护动物的种类有18种，分别是红白鼯鼠（*Petaurista alborufus*）、红背鼯鼠（*Petaurista petaurista*）、赤腹松鼠（*Callosciurus erythraeus*）、帚尾豪猪（*Atherurus macrourus*）、豪猪（*Hystrix brachyura*）、华南兔（*Lepus sinensis*）、豹猫、花面狸、红颊獴（*Herpestes javanicus*）、食蟹獴、貉（*Nyctereutes procyonoides*）、赤狐（*Vulpes vulpes*）、猪獾、黄喉貂、鼬獾（*Melogale moschata*）、黄鼬、赤麂（*Muntiacus muntjak*）、小麂（*Muntiacus reevesi*）。

2. 鸟类

乐业—凤山世界地质公园共有鸟类238种，2016年4月2～8日调查期间共记录到鸟类82种，占到乐业—凤山世界地质公园鸟类总数的34.45%（表6-9）。

表6-9 乐业—凤山世界地质公园乐业园区鸟类种类情况

目	科数	属数	物种数	实际调查物种数及占比
䴙䴘目Podicipediformes	1	1	1	0
鹳形目Ciconniformes	1	5	6	0
隼形目Falconiformes	2	9	14	4（28.57%）
鸡形目Galliformes	1	9	10	1（10.00%）

续表

目	科数	属数	物种数	实际调查物种数及占比
鹤形目Gruiformes	2	4	5	0
鸻形目Charadriiformes	2	4	4	0
鸽形目Columbiformes	1	3	6	1（16.67%）
鹃形目Cuculiformes	1	5	10	3（30.00%）
鸮形目Strigiformes	2	5	7	0
夜鹰目Caprimulgiforme	1	1	1	0
雨燕目Apodiformes	1	1	2	0
咬鹃目Trogoniformes	1	1	1	0
佛法僧目Coraciformes	3	4	5	1（20.00%）
戴胜目Upupiformes	1	1	1	0
䴕形目Piciformes	2	6	9	3（33.33%）
雀形目Passeriformes	30	63	156	69（44.23%）
合计	52	122	238	

乐业—凤山世界地质公园鸟类的区系结构分析，按照《中国动物地理》（张荣祖，1999）区系划分可分为8种类型。其中华南区18种，西南区5种，华中华南区31种，华中华南西南区60种，西南华南区34种，广布种88种，青藏—蒙新区1种，华中西南区1种。由上可见，物种分布以华中、华南、西南区的种类占优势。

（1）国际保护珍稀濒危物种

列入世界自然保护联盟（IUCN）的物种有7种，其中鹌鹑（*Coturnix japonica*）、黑颈长尾雉、寿带（*Terpsiphone paradise*）列为近危等级；金雕、仙八色鸫、鹊鹂（*Oriolus mellianus*）、白喉林鹟（*Rhinomyias brunneata*）列为易危等级。列入《濒危野生动植物国际贸易公约》（CITES）附录Ⅰ的有金雕和黑颈长尾雉；附录Ⅱ的有黑冠鹃隼、黑翅鸢、黑鸢、秃鹫、蛇雕、凤头鹰、日本松雀鹰、松雀鹰、雀鹰、赤腹鹰、白腹隼雕、红隼、燕隼、草鸮、黄嘴角鸮、领角鸮、雕鸮、领鸺鹠、斑头鸺鹠、褐鱼鸮、仙八色鸫、画眉（*Garrulax canorus*）、银耳相思鸟（*Leiothrix argentauris*）、红嘴相思鸟（*Leiothrix lutea*）。

（2）广西重点保护动物

列为广西重点保护动物的有55种，分别是池鹭（*Ardeola bacchus*）、环颈雉（*Phasianus colchicus*）、黄脚三趾鹑（*Turnix tanki*）、灰胸秧鸡（*Gallirallus striatus*）、白胸苦恶鸟（*Amaurornis phoenicurus*）、白骨顶（*Fulica atra*）、四声杜鹃（*Cuculus micropterus*）、大杜鹃（*Cuculus canorus*）、乌鹃（*Surniculus lugubris*）、绿嘴地鹃（*Phaenicophaeus tristis*）、白胸翡翠（*Halcyon smyrnensis*）、蓝翡翠（*Halcyon pileata*）、三宝鸟（*Eurystomus orientalis*）、戴胜（*Upupa epops*）、大拟啄木鸟（*Megalaima virens*）、蓝喉拟啄木鸟（*Megalaima asiatica*）、星头啄木鸟（*Picoides canicapillus*）、棕腹啄木鸟（*Picoides hyperythrus*）、赤红山椒鸟（*Pericrocotus flammeus*）、粉红山椒鸟（*Pericrocotus roseus*）、红耳鹎（*Pycnonotus jocosus*）、白头鹎（*Pycnonotus sinensis*）、白喉红臀鹎（*Pycnonotus aurigaster*）、绿翅短脚鹎（*Hypsipetes mcclellandii*）、橙腹叶鹎（*Chloropsis hardwickii*）、栗背伯劳（*Lanius collurioides*）、红尾伯劳（*Lanius cristatus*）、棕背伯劳（*Lanius schach*）、黑枕黄鹂（*Oriolus chinensis*）、黑卷尾（*Dicrurus macrocercus*）、灰卷尾（*Dicrurus leucophaeu*）、发冠卷尾（*Dicrurus hottentottus*）、八哥（*Acridotheres cristatellus*）、灰背椋鸟（*Sturnia sinensis*）、丝光椋鸟（*Sturnus sericeus*）、红嘴蓝鹊（*Urocissa erythrorhyncha*）、灰树鹊（*Dendrocitta formosae*）、大嘴

乌鸦（*Corvus macrorhynchos*）、橙头地鸫（*Zoothera citrina*）、乌鸫（*Turdus merula*）、纯蓝仙鹟（*Cyornis unicolor*）、寿带、黑脸噪鹛（*Garrulax perspicillatus*）、黑喉噪鹛（*Garrulax chinensis*）、画眉、白颊噪鹛（*Garrulax sannio*）、锈脸钩嘴鹛（*Pomatorhinus erythrogenys*）、棕颈钩嘴鹛（*Pomatorhinus ruficollis*）、银耳相思鸟、红嘴相思鸟、长尾缝叶莺（*Orthotomus sutorius*）、黄腰柳莺（*Phylloscopus proregulus*）、黄眉柳莺（*Phylloscopus inornatus*）、大山雀（*Parus major*）、凤头鹀（*Melophus lathami*）。

3. 爬行类

根据实地调查结果和有关文献资料的报道，该区目前可以确定的爬行动物共有54种，分属2目13科40属（表6-10）。其中优势科是游蛇科，分布有17属26种，占乐业—凤山世界地质公园乐业园区爬行动物总数的48.15%；其次是石龙子科、眼镜蛇科、蛙科、鬣蜥科、壁虎科，分别分布有4属5种、3属4种、3属3种、2属3种、2属4种；鳖科和平胸龟科各有2属2种；淡水龟科、蜥蜴科、蛇蜥科、盲蛇科、蚺科均只有1属1种分布。

表6-10　乐业—凤山世界地质公园乐业园区爬行动物物种情况

目	科	属	种	种占比（%）
龟鳖目	鳖科	2	2	3.70
	平胸龟科	2	2	3.70
	淡水龟科	1	1	1.85
有鳞目	壁虎科	2	4	7.41
	鬣蜥科	2	3	5.56
	蜥蜴科	1	1	1.85
	蛇蜥科	1	1	1.85
	石龙子科	4	5	9.26

续表

目	科	属	种	种占比（%）
有鳞目	石龙子科	4	5	9.26
	盲蛇科	1	1	1.85
	蚺科	1	1	1.85
	蝰科	3	3	5.56
	游蛇科	17	26	48.15
	眼镜蛇科	3	4	7.41
合计		13	40	54	100

在乐业—凤山世界地质公园境内分布的54种爬行动物中，分布于古北界和东洋界的物种有3种，占5.56%；而分布于东洋界的物种有51种，占94.44%，其中华南区物种11种，华中华南区物种24种，华中华南西南区物种12种，西南华南区物种1种，广布种3种。区系特征以华中华南区共有种为主。

（1）国家保护动物

列为国家二级保护动物的有2种，分别是蚺（蟒蛇，*Python molurus*）、山瑞鳖（*Palea steindachneri*）。

（2）国际保护的珍稀濒危种类

列入世界自然保护联盟（IUCN）的物种有11种，其中山瑞鳖、平胸龟（*Platysternon megacephalum*）列为濒危等级，蚺（蟒蛇）列为近危等级，中华鳖（*Pelodisus sinensis*）、眼镜王蛇（*Ophiophagus hannah*）列为易危等级。列入《濒危野生动植物国际贸易公约》（CITES）附录Ⅱ的有平胸龟、蚺（蟒蛇）、滑鼠蛇（*Ptyas mucosus*）、舟山眼镜蛇（*Naja atra*）、眼镜王蛇；附录Ⅲ的有山瑞鳖、乌龟（*Chinemys reevesii*）。

（3）广西重点保护动物

列入广西重点保护动物的有11种，分别是平胸龟、乌龟、变色树蜥

（*Calotes versicolor*）、钩盲蛇（*Ramphotyphlops braminus*）、百花锦蛇（*Elaphe moellendorffi*）、三索锦蛇（*Elaphe radiata*）、滑鼠蛇、金环蛇（*Bungarus fasciatus*）、银环蛇（*Bungarus multicinctus*）、舟山眼镜蛇、眼镜王蛇。

4. 两栖类

根据实地调查结果和有关文献资料的报道，乐业—凤山世界地质公园目前可以确定的两栖动物共有19种，分属2目5科10属（表6-11）。其中优势科是蛙科，分布有5属9种，占乐业—凤山世界地质公园乐业园区两栖动物总数的47.37%；其次是姬蛙科和树蛙科，分别有1属4种和2属3种，占乐业—凤山世界地质公园乐业园区两栖动物总数的21.05%和15.79%；另外，隐鳃鲵科有1属1种，蟾蜍科有1属2种分布。

表6-11　乐业—凤山世界地质公园乐业园区两栖动物物种情况

目	科	属	种	种占比（%）
有尾目	隐鳃鲵科	1	1	5.26
无尾目	蟾蜍科	1	2	10.53
	蛙科	5	9	47.37
	树蛙科	2	3	15.79
	姬蛙科	1	4	21.05
合计	5	10	19	100

根据《中国动物地理》（张荣祖，1999）中的划分，乐业—凤山世界地质公园属于东洋界、华南区、闽广沿海亚区（VIIA）的滇桂山地丘陵省（VIIA3），并认为该亚区的两栖类动物地理分布的特征主要包括：华南区系成分不够突出，区系组成整体上是华南区与华中区成分的共有，而以典型的热带成分作为本亚区的标志，土著种的出现以及若干种类区域性残留的特点。乐业—凤山世界地质公园所分布的19种两栖动

物全部为东洋界种类，其中华南区物种1种，西南区物种2种，华中华南区物种8种，华中华南西南区物种8种。

（1）国家级保护动物

列为国家二级保护动物的有2种，分别是大鲵（*Andrias davidianus*）和虎纹蛙（*Hoplobatrachus chinensis*）。

（2）国际保护珍稀濒危物种

列入世界自然保护联盟的物种有4种，其中大鲵列为极危等级；棘腹蛙（*Paa boulengeri*）和棘胸蛙（*Paa spinosa*）列为易危等级；双团棘胸蛙（*Paa yunnanensis*）列为濒危等级。列入《濒危野生动植物国际贸易公约》（CITES）附录Ⅱ的有大鲵和虎纹蛙2种。

（3）广西重点保护动物

列为广西重点保护动物的有7种，分别是黑眶蟾蜍（*Bufo melanostictus*）、沼水蛙（*Hylarana guentheri*）、泽陆蛙（*Fejervarya multistriata*）、棘腹蛙、棘胸蛙、斑腿泛树蛙（*Polypedates megacephalus*）、饰纹姬蛙（*Microhyla ornata*）。

5. 鱼类

依据本次实地考察和《广西淡水鱼类志》（广西壮族自治区水产研究所，1981）等文献报道，乐业—凤山世界地质公园目前有鱼类资源41种，隶属于3目10科31属。其中鲤科19属27种，平鳍鳅科2属2种，鳅科3属4种，鲇科1属2种，胡子鲇科1属1种，鳢科1属1种，鮠科1属1种，丽鱼科1属1种，斗鱼科1属1种，鳢鱼科1属1种（表6-12）。

表6-12　乐业—凤山世界地质公园乐业园区鱼类动物物种情况

目	科	属	种	种占比（%）
	鳅科	3	4	9.76
鲤形目	平鳍鳅科	2	2	4.88
	鲤科	19	27	65.85

续表

目	科	属	种	种占比（%）
鲶形目	鲇科	1	2	4.88
	胡子鲇科	1	1	2.44
	鮡科	1	1	2.44
	鳅科	1	1	2.44
鲈形目	丽鱼科	1	1	2.44
	斗鱼科	1	1	2.44
	鳢鱼科	1	1	2.44
合计		10	31	41	100

属国家二级保护动物的有鸭嘴金线鲃（*Sinocyclocheilus anatirostris*）；列入IUCN的物种有4种，分别是南方拟餐（*Pseudohemiculter dispar*）、鸭嘴金线鲃、小眼金线鲃（*Sinocyclocheilus microphthanlmus*）和秉氏爬岩鳅（*Beaufortia pingi*）。列入《濒危野生动植物国际贸易公约》（CITES）附录Ⅱ的有鸭嘴金线鲃。

从动物区系特征来看，兽类以广泛分布于东洋界和古北界的物种居多，其次是华南区和华中华南区的物种。鸟类物种分布以华中、华南、西南区的种类占优势。爬行类分布以华中华南区共有种为主。两栖类动物分布表现为华南区系成分不够突出，区系组成整体上是华南区成分与华中区成分的共有，而以典型的热带成分作为本亚区的标志，以土著种的出现以及若干种类区域性残留为特点。总体来看该区具有华中区和华南区的特点，是华中区向华南区过渡的典型地带。

该区有国家一级保护动物5种，国家二级保护动物42种；列入世界自然保护联盟（IUCN）极危等级1种，濒危等级4种，易危等级14种，近危等级9种；列入《濒危野生动植物国际贸易公约》（CITES）附录Ⅰ的有8种，附录Ⅱ的有35种，附录Ⅲ的有 9种。

五、天坑群特色动物

（1）红白鼯鼠 （*Petaurista alborufus*）

红白鼯鼠（图6-29）为大型鼯鼠。体长500～600毫米，尾较体短，长超过400毫米，后足长约80毫米。头白色，眼眶赤栗色，颏、喉上部、颈两侧及胸均为白色，上臂皮翼前缘近肩部亦为白色，体背面包括项、耳外侧基部和肩及其余部分（除了体背面后部中间）均呈栗色至浅栗色，背后部至尾基部有一大片浅黄色或花白色毛区；背前部栗色带有光泽，皮翼上面栗褐色、下面橙赤色，体腹面淡橙赤褐色，尾基部约1/4橙赤褐色，远端至尾尖变为深粟色；前后足均为赤色，足趾黑色。栖息于海拔1000米左右的山坡森林地带或石灰岩隐蔽处，主要栖息在小杨、核桃、桦树等高大乔木的密林中。

分布于缅甸、印度阿萨姆、泰国和中国的四川、重庆、广西、陕西、云南。在大石围天坑、黄猄洞天坑等均有分布。

图6-29 红白鼯鼠

（2）中国壁虎（*Gekko chinensis*）

中国壁虎又称中国守宫，体长可达18厘米，体背腹扁平，身上排列着粒鳞或杂有疣鳞。指、趾端扩展，其下方形成皮肤褶襞，密布腺毛，有黏附能力，可在墙壁、天花板或光滑的平面上迅速爬行。分布于福建、广东、海南、广西等地，多见于亚热带地区，栖息于野外。该物种的模式产地在中国。在大石围天坑、穿洞天坑均有分布。

六、天坑群生态环境及生物多样性保护

天坑形成自然的半封闭空间，不同天坑在规模、形态上差别较大，同一个天坑的坑口、坑壁和坑底的水热条件相去甚远，这些为不同动植物的生长提供了差异化的生境。天坑坑口相对干旱，植被类型与部分岩溶峰丛的常见植被类型类似，如大石围西峰有典型的多脉鹅耳枥+小叶枇杷群系（图6-11），与老屋基天坑山脊的群系相似。天坑坑口险峻，人为干扰相对少，为短叶黄杉群落的保存提供了条件，如大石围西峰及南垭口、神木天坑西峰、苏家天坑坑口等能形成局部短叶黄杉群落。黄猄洞天坑坑口保存了滇青冈+化香树群系，兼有岩生鹅耳枥。坑口往往成为典型岩溶植物群落集中的地方。坑壁常为垂直的岩壁，极其险峻，缺水少土，一般只有在岩石裂隙能生长耐旱的植物，在大石围天坑岩壁上就分布有短叶黄杉、五针松、岩生翠柏等。天坑底部相对湿润，在小面积的坑底以喜阴湿的蕨类、楼梯草等草本植物为主，如燕子天坑底部的楼梯草群落。规模巨大的大石围天坑底部生长有香木莲群落、细棕竹群落，林下有狭基巢蕨、拟大苞半蒴苣苔等喜阴草本群落。

天坑立体空间及其独特的差异性生境，为不同的植物提供了"乐土"，其险峻更成为天然屏障，杜绝了人为干扰，保存了典型的地带性岩溶植物，良好的植被又为动物的栖息提供了基础，天坑

群成为保育岩溶区特有动植物的重要生境，也是许多珍稀濒危动植物的"天堂"。

天坑群与生存于其中的动植物相互依存，天坑异质的生境为不同生物提供了多样的生境，多样的生物增添了天坑的景观，丰富了天坑的生态环境。从生物多样性保护的角度来看，首先，保护天坑群这一独特地质景观是保护天坑生物多样性的前提；其次，应尽可能杜绝人为干扰，维持目前天坑群的生物多样性现状；最后，加强天坑群特色生物及珍稀濒危物种的种群监测并科学地加以人工恢复，使其在适宜的天坑群生态环境中逐步壮大。建立和谐的天坑群生态系统，是维护天坑群地质景观和生物多样性的基础。

第七章

国内外其他重要天坑群

乐业天坑的发现和天坑理论体系的建立为全世界天坑的调查和研究提供了理论基础。迄今为止,全世界共发现天坑群 34 处,天坑数量约 250 个,绝大部分分布在我国。而我国天坑主要分布在南方岩溶地区,共发现 27 个天坑群,这些天坑群以广西分布最集中,共有 11 个天坑群,集中分布于红水河流域。重庆、贵州和陕南也是我国重要的天坑群分布区。国外的天坑主要分布于巴布亚新几内亚、欧洲第纳尔岩溶区及中美洲和南美洲等地。

一、国内其他重要天坑群

1. 国内天坑群概述

2005年,桂林国际天坑研讨会召开之际,公布世界上已发现的天坑有75个,其中49个在中国(朱学稳,2003)。截至2011年,我国南方多地又有新天坑发现,使我国发现的天坑总数超过100个。

2016年,经过中外洞穴探险家、陕西省矿产地质调查中心和中国地质科学院岩溶地质研究所研究人员的共同努力,在北亚热带米仓山岩溶台原面上发现了汉中天坑群,计有54个天坑(任娟刚,2017)(按天坑定义标准实际为35个)。

陕西汉中天坑群发现的同时,随着"全国重要地质遗迹调查"项目在全国尤其是在滇黔桂的开展，越来越多的天坑被发现。截至2017年底，以约100平方千米分布区域为界而论，全国发现的天坑群数量为27个（不包括网络报道未经实地验证发现的天坑群），仅这些天坑群的天坑，其数量就达到174个（表7-1）。这些天坑群主要集中于我国的广西、贵州、重庆、云南、四川以及陕西汉中。27个天坑群中最大的天坑群为广西乐业大石围天坑群，在约100平方千米范围内分布有29个天坑（早期统计为38个）；第二是广西巴马好龙天坑群，在约100平方千米范围内发现天坑20个；第三是陕西镇巴的三元天坑群，在约100平方千米范围内发现天坑13个（早期统计为19个）。在27个天坑群的174个天坑中，特大型天坑（天坑直径大于500米或天坑容积大于50兆立方米）16个，分别是小寨天坑、好龙天坑、大石围天坑、交乐天坑、大宴坪天坑、小岩湾天坑、中石院天坑、巴马3#天坑、大坨天坑、巴马4#天坑、青龙天坑、下石院天坑、圈子崖天坑、地洞河天坑、大槽口天坑、大岩湾天坑等（表7-2）。

此外，网络媒体中的天坑信息也是层出不穷，但因为缺乏相关专业人员验证，暂未列入下表之中。这些天坑信息中较可靠的来源有云南沧源的天坑群、贵州赫章的天坑群、贵州开阳的天坑群等。

表7-1　国内主要天坑群（截至2017年底）

序号	名称	地点	数量	资料来源
1	大石围	广西乐业县同乐镇和花坪乡	29个天坑，其中超级天坑2个	中国地质科学院岩溶地质研究所
2	好龙	广西巴马县甲篆乡	20个天坑，其中超级天坑6个	伍红鹰
3	三元	陕西镇巴县三元镇	13个天坑，其中超级天坑1个	陕西省矿产地质调查中心
4	小南海	陕西南郑县小南海镇	10个天坑	陕西省矿产地质调查中心
5	大锅圈	云南镇雄县五德镇	10个天坑	中国地质科学院岩溶地质研究所
6	骆家坝	陕西西乡县骆家坝镇	7个天坑	陕西省矿产地质调查中心

续表

序号	名称	地点	数量	资料来源
7	小寨	重庆市奉节县兴隆镇	7个天坑	中国地质科学院岩溶地质研究所
8	三门海	广西凤山县袍里乡	6个天坑	中国地质科学院岩溶地质研究所
9	大槽口	贵州织金县官寨乡	5个天坑，其中超级天坑1个	贵州省山地资源研究所
10	沾益	云南省沾益县大坡乡	6个天坑，最大者为136米×100米×186米	税伟
11	打岱河	贵州省平塘县塘边镇	5个天坑（打岱河应为坡立谷更合适，而非天坑）	贵州省山地资源研究所
12	禅家岩	陕西宁强县禅家岩镇	5个天坑	陕西省矿产地质调查中心
13	岩流	广西凌云县岩流镇	4个天坑，最大者为180米×170米×160米	中国地质科学院岩溶地质研究所
14	左江	广西龙州县上金乡	4个天坑	伍红鹰
15	新力	广西靖西市渠洋镇	4个天坑	伍红鹰
16	燕子峒	广西那坡县龙合乡	4个天坑	伍红鹰
17	东兰	广西东兰县泗孟、拉平	4个天坑	中法探险队
18	天生三桥	重庆武隆县仙女镇	4个天坑，其中超级天坑1个	中国地质科学院岩溶地质研究所
19	小溪河	湖北利川市团堡镇	4个天坑，最大者为525米×294米×209米	何端傭
20	文雅	广西环江县文雅村	3个天坑，其中超级天坑1个	中国地质科学院岩溶地质研究所
21	箐口	重庆市武隆县后坪乡	3个天坑，箐口天坑为250米×240米×295米	中国地质科学院岩溶地质研究所
22	黄桶岩	湖北利川市忠路镇	3个天坑	何端傭
23	千丈坑	湖北长阳县风岩乡	3个天坑	税晓洁
24	半洞	贵州安龙县笃山乡	3个天坑	中国地质科学院岩溶地质研究所

续表

序号	名称	地点	数量	资料来源
25	石盆	广西全州县石盆村	3个天坑	中国地质科学院岩溶地质研究所
26	四把	广西罗城县四把村	3个天坑	中国地质科学院岩溶地质研究所
27	兴文岩湾	四川省兴文县兴晏乡	2个天坑，其中超级天坑1个	中国地质科学院岩溶地质研究所

表7-2   国内外典型特大型天坑一览表（截至2017年底）

序号	名称	地点	容积（兆立方米）	坑口大小（米）	最大深度（米）	区域标高（米）	类型
1	伊甸园	马来西亚沙捞越	150	1200×800	150	200～550	D
2	小寨	中国重庆奉节	119	626×537	662	1100～1300	
3	好龙	中国广西巴马	113	800×600	503	500～700	D
4	Kukumbu	巴布亚新几内亚	75	1000×700	300	800～1000	D
5	大石围	中国广西乐业	74	600×420	613	1300～1400	D
6	交乐	中国广西巴马	67	750×400	326	500～700	D
7	Lusé	巴布亚新几内亚	61	800×600	250	600～900	D
8	大宴坪	中国广西乐业	46	1000×400	300	1300～1400	D
9	洞爬	中国广西环江	45	940×420	326	400～900	
10	小岩湾	中国四川兴文	40	625×475	248	900～1000	
11	中石院	中国重庆武隆	35	697×555	213	1100～1300	
12	巴马3#	中国广西巴马	38	870×300	220	500～700	D
13	大坨	中国广西乐业	33	534×380	290	1300～1400	D

续表

序号	名称	地点	容积（兆立方米）	坑口大小（米）	最大深度（米）	区域标高（米）	类型
14	巴马4#	中国广西巴马	32	520×460	230	500～700	
15	青龙	中国重庆武隆	32	522×198	276	1100～1300	
16	下石院	中国重庆武隆	31	1000×545	373	1100～1300	D
17	圈子崖	中国陕西镇巴	30	520×310	380	1750～2000	D
18	地洞河	中国陕西宁强	26	518×442	340	1350～1550	
19	Ora	巴布亚新几内亚	26	550×900	275	600～900	D
20	mangily	马达加斯加	25	500×700	140	1000～1300	
21	大槽口	中国贵州织金	25	905×370	330	1350～1650	
22	Wunung	巴布亚新几内亚	24	500×400	160	600～900	D
23	modroJezero	克罗地亚	22	700×400	290	450～600	
24	大岩湾	中国四川兴文	15	680×280	110	900～1000	D
25	Pulicchio	意大利	15	710×550	100	200～500	D
26	Pozzatina	意大利	14	675×440	130	200～500	D

注：表中引用数据基本可靠，除个别深度为估计值之外，大部分数据或来自以前出版物或测量所得，但所有数据都只是接近真实值而已，大部分天坑剖面没有进行详细绘制；D=退化天坑。

2. 广西天坑概述

广西是世界上最重要的岩溶区域之一，也是世界上湿润热带—亚热带岩溶形态最完美的地区。第一，广西碳酸盐岩分布面积达9.87万平方千米，占广西总面积的41.57%（朱德浩，2000），从桂西北的贵州高原边缘到桂东南的丘陵平原，从陆地到海边均有分布；广西碳酸盐岩地层累积厚度上万米，且连续沉积、分布集中、岩石古老、致密坚硬、岩性至纯，为溶洞和天坑的发育提供了重要的物质条件。第二，受云贵高原抬升的影响，广西地壳缓慢抬升，形成了典型的山字型弧形构造，褶皱断裂发育，为水在碳酸盐岩地层中的运动提供了空间，从而开启了广西岩溶的美丽历程。第三，广西南近海洋，北连大陆，北回归线横贯中部，属东亚季风区，高温多雨，雨热同季，丰沛的降水使地表河和地下河水系发育，大大增强了地表雨水溶蚀作用。第四，广西地处云贵高原东南边缘，整个地势自西北向东南倾斜，岭谷相间，四周多山，素有"广西盆地"之称，受地势控制，广西河流大多从西北流向东南，形成了以珠江支流红水河、左江、右江、柳江、漓江等江河，尤其是红水河为主干流的横贯广西中部以及支流分布于两侧的树枝状水系，同时在岩溶区域形成了445条地下河，总长7112千米（覃小群，2007）。这些地表河构成广西岩溶水的最低排泄基准面，而这些地下河成为广西岩溶区域的美丽源泉，也是广西天坑（群）崩塌物质溶蚀搬运的"地下要道"。

由于广西独特的区域构造、盆地地形特征以及优越的气候条件，在巨厚的碳酸盐岩地层上，发育了数量众多的地下河、溶洞和天坑。我国长度大于50千米的地下河有23条，其中广西有16条，都安地苏地下河系统，全长241.1千米，为"中国之最"（张远海，2012）。初步估计广西溶洞数量约有6万个，这些溶洞依地质、地貌背景不同而有所差异。峰丛区以大型地下河洞穴和竖井为特色，洞穴规模宏大。峰林区以横向洞穴为主，洞穴规模较小，洞穴在石峰内全空间发育，"无山不洞"。全国10个容积大于百万立方米的溶洞大厅，广西占有6个，分别是红玫瑰大厅、阳光大厅、海亭大厅、南天门大厅、马可波罗大厅、穿龙岩大厅，这些大厅容积均在1.2兆立方米以上（表7-3），事实上这些大厅都毗邻于天坑分布集中区，是天坑发育演化的最直接证据。我国现已发现的27个天坑群174个天坑中，广西占有11个天坑群共计84个天坑（图7-1）。这些天坑群从最东北的全州县到最西南的崇左市，从西部的那坡县到中部的合山市均有分布，其中以乐业、凤山、巴马、靖西、那坡等地的天坑分布最为密集，广西可谓是实至名归的"世界天坑王国"。

表7-3　我国十大溶洞大厅

序号	容积（兆立方米）	面积（平方米）	高度（米）	洞穴—洞厅名称	所在行政区省/市	所在行政区市/县
1	10.57	141000	100～150	格凸河洞—苗厅	贵州	紫云
2	6.21	51000	250～365	泉口洞—云梯大厅	重庆	武隆
3	5.25	58000	150～220	大曹天坑洞—红玫瑰大厅	广西	乐业
4	3.20	27000	260～365	白洞天坑洞—阳光大厅	广西	乐业
5	3.16	49000	100～300	弄乐洞—海亭大厅	广西	凤山
6	3.13	38000	150～200	马王洞—南天门大厅	广西	凤山
7	2.53	55000	100～120	犀牛洞—地潭大厅	贵州	安龙
8	1.44	49000	60～100	弄留洞—马可波罗大厅	广西	凤山
9	1.35	46000	45～70	织金洞—尾部大厅	贵州	织金
10	1.22	41000	40～65	穿龙岩—穿龙岩大厅	广西	凤山

　　广西现有11个天坑群，除东北部的全州县的石脚盆天坑群之外，其余天坑群均分布于广西西部，甚至绝大部分分布于广西西北靠近贵州高原的位置。主要的原因：一是这里地下河的数量最多，占全广西地下河总数的一半以上，地下河的发育规模和发育的完善程度，也是其他

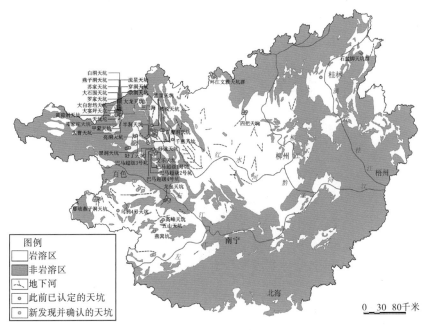

图7-1　广西天坑分布略图

地区不能比拟的（李国芬，1996）；二是外源水丰富，地下河往往分散补给，集中排泄，平面展布呈羽毛状、树枝状等多种形态，纵剖面具有多层性和多样性，空间展布具有三维性，因而形成的地下河管道规模宏大，溶洞大厅众多，天坑发育集中。

（1）坡月地下河流域天坑群

坡月地下河呈树枝状分东西2支，东支从北往南流，西支从西往东南流，在响水峒汇合后往南流，总长81.5千米。流域内以上石炭统至中二叠统中厚层以灰岩和白云质灰岩为主，且褶皱、断裂、剪切变形带等发育，形成了典型的格状裂隙网；此外，在地下河各支流的源头，均有来自非岩溶区的外源水汇入地下河中（图7-2）。正因如此流域内发育了庞大复杂的地下洞穴系统，而且也形成了众多落水洞、竖井、天窗群和天坑群。迄今已发现溶洞近200个，底部投影面积大于2万平方米的

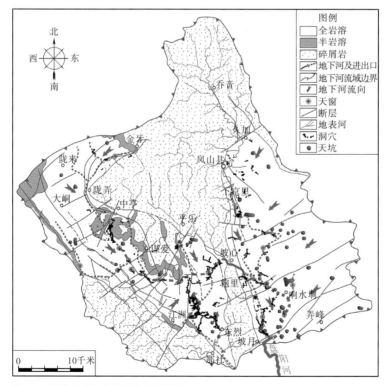

图7-2　坡月地下河流域天坑分布简图

溶洞大厅20多个，天坑26个。这些天坑由三门海天坑群和好龙天坑群组成，前者位于凤山县袍里乡坡心村，即坡月地下河西支流之坡心地下河出口三门海景区；后者位于巴马县甲篆乡，处于坡月地下河下游，即盘阳河源头巴马长寿之乡北侧，主要发育于中石炭统中，地貌背景均为典型的高峰丛洼地、谷地。

三门海天坑群位于坡心地下河下游，其上游为大型江洲长廊洞穴系统，目前实测洞道长52千米，洞穴系统不仅廊道巨大，而且大厅众多（Bottazi，2018）。由于大面积的外源水的汇入，在地下河出口区域形成了半洞天坑、弄乐天坑、马王洞天坑、社更天坑，以及三门海1#天窗（符合天坑标准），2#～5#天窗上部构成一个复合型的天坑。半洞天坑位于马王洞洞穴系统中部，坑口大小225米×180米，天坑深度110～320米；马王天坑位于马王洞东北洞与飞龙洞之间，天坑坑口平面投影呈长条形，坑口大小550米×160米，天坑深度50～260米；社更天坑位于马王洞天坑与三门海2#天坑之间，为退化天坑（图7-3）。弄乐天坑则位

图7-3　马王洞天坑、三门海2#天坑和社更退化天坑

于绿河地下河支流之上，坑口大小120米×150米，天坑深度100～180米。三门海天窗群位于坡心地下河出口区域，共有6个天窗，其中距离出口最近的1#天窗，底部大小106米×98米，顶部大小120米×140米，天窗高50～110米，平均水深度20米；2#～5#天窗上部构成一个复合型天坑，天坑底部大小500米×150米，天坑深度50～300米。

好龙天坑群位于坡月地下河下游，沿地下河轨迹不仅发育了20余个天坑，而且形成了消水洞、响水洞、吹风洞、前洞、后洞、百么洞、桥板洞、龙床洞等近50千米的洞穴系统，这些洞穴洞道规模巨大，如百么洞长3.2千米，宽60～80米，高30～100米。好龙天坑群除了好龙和交乐2个天坑群外，其余均为2017年新发现的天坑群，如响水洞联体天坑群，由2个天坑和1个漏斗组成，底部相连，中间天坑底部与地下河相通（图7-4）。

图7-4　响水洞联体天坑群

好龙天坑东西长约800米，南北宽600米；坑口地面最大标高960.3米，最小标高636.4米；坑底标高451米，因此天坑的最大深度509.3米，最小深度185.4米，总容积为110兆立方米，属特大型天坑（朱学稳，2003）。天坑底部有过境地下河通过。好龙天坑发育在一东西向大型岩溶干谷的末端，其北侧的多个崩塌三角面仍颇为壮观。交乐天坑南北长750米，东西宽400米；坑口地面最大标高709.2米，最小标高657.4米；坑底标高374.2米，因此天坑的最大深度325米，最小深度283.2米，总容积为67兆立方米（朱学稳，2003）。交乐天坑中部横过一东西向岩溶干谷，故地形较低，但南北悬崖高耸，并有鱼鳍般的崩塌边脊线，十分险要。天坑底部有地下河自北向南流去。

（2）东兰天坑群

东兰天坑群由泗孟乡的2个天坑和三石镇的2个天坑组成，前者位于东南向西部泗孟乡达莫地下河轨迹之上，地下河长度16.5千米，流域面积123平方千米，发育于下石炭统至中二叠统灰岩和白云质灰岩之中，大小2个天坑均位于石峰高处，大天坑坑口大小90米×150米，天坑深度180米；小天坑最小深度近100米。三石镇天坑位于板文地下河下游，板文地下河长度为58.3千米，流域面积390平方千米，发育地层为下石炭统至中二叠统灰岩和白云质灰岩。流域内发现2个天坑。大的天坑为干燕天坑，坑口隐藏于茂盛植被之中，坑口大小150米×180米，天坑深度350米。

（3）岩流天坑群

岩流天坑群位于凌云县岩流镇，发育于水源洞地下河流域内，地下河主流长20千米，流域面积290平方千米，所在地层为上泥盆统至中二叠系灰岩和白云质灰岩。迄今发现4个天坑，其中一个为退化天坑。岩流天坑坑口大小100米×200米，天坑深度150～260米，坑底有地下河主河道，且开凿人工引流发电隧道1.5千米。沙洞天坑坑口标高649米，坑口大小50米×150米，天坑深度120～210米，坑底为崩塌碎石所覆盖。坑底洞道延伸2850米。洞道末端为一个圆顶状厅堂，最后可到达一水池。距水池不远处，有支洞。厅堂高达40米，厅堂大小100米×100米。厅堂地板为龟裂泥，无次生化学沉积物。黄莲天坑位于沙洞附近，坑口为茂密森林掩映，坑口大小80米×130米，天坑深度300米，洞底为崩塌碎石所覆盖。

（4）文雅天坑群

文雅天坑群位于环江县文雅村，均发育于上泥盆统融县组灰岩中，岩层产状平缓，由洞爬天坑、哥爱天坑、芭蕉天坑、沿地下河轨迹发育的7个规模达不到天坑标准的塌陷漏斗及沿文雅地下河的6个呈串珠状的天窗群组成。

天坑群中，以洞爬天坑规模最大，哥爱天坑最险、最具观赏性、科学价值最高。洞爬天坑位于腰洞地下河中部，天坑坑口大小940米×420米，呈长椭圆形，除西南角外，绝大部分为绝壁，绝壁高度为50～190米，底部呈斜坡洼地。从地形与地下河关系以及天坑里面的陡峭石峰推断，估计洞爬天坑为早期地下河多次崩塌形成，应为一退化大天坑。

哥爱天坑四周为石峰围绕，坑口四周是悬崖峭壁，无论石峰还是坑底均为森林覆盖，坑口四周为原始次生林，坑底是实实在在的原始森林，郁闭度奇高，树直茎粗。哥爱天坑最大深度323米，坑口南北长280米，东西宽232米，容积8.3兆立方米，口部面积4万平方米，底部原始森林面积1.87万平方米（图7-5）。哥爱天坑北邻腰洞地下河入口，西南侧通过天门山穿洞与芭蕉天坑相连接。哥爱天坑平面上由3座山峰和3个垭口构成其边界，石峰海拔622～695米，垭口高程432～488米。从周边向坑底均为陡峭的绝壁，绝壁高度为110（垭口）～230米（北侧石峰）。哥爱天坑中央平坦，往北侧由于崩塌块石堆积，地势逐渐增高，坑底高差达50米。四周没有地下河天窗，但在天坑西南侧绝壁中上部见天门山穿洞，洞道呈东南走向，长130米，洞道另一端为芭蕉天坑。芭蕉天坑的容积和深度远不如哥爱天坑，而且因为天坑易于进入，坑底原始森林不多，以野芭蕉林为主，故而得名。

图7-5　哥爱天坑

（5）石脚盆天坑群

石脚盆天坑群位于石塘镇石盆村，处于南北分水岭地带，发育地层为下石炭统岩关阶至上泥盆统融县组灰岩、白云质灰岩，地貌为缓丘洼地—谷地。石盆村境内共发现3个天坑、6个塌陷漏斗，均发育于当地一地下河轨迹之上，由北向南呈"S"型展布，天坑和漏斗间隔距离为400米左右，深度60～200米（图7-6）。天坑群由龙潭天坑、白石岩天坑、巴掌岩天坑等3个天坑组成，均为退化天坑。最大者为龙潭天坑，位于天坑群最北端，天坑西北端崖壁退化为斜坡，底部泉水涌出，在坑底形成一段明流，然后在南端潜入地下。天坑坑口平面投影呈长条形，天坑坑口大小300米×180米，深度110～180米。天坑底部中间为明流谷地，两侧为灌丛和乔木掩映的陡坡，上部为陡崖。白石岩天坑东南侧退化，北侧、西侧崖壁保存完整，北侧底部有竖井，可通下层洞道。天坑底部为灌丛掩映。天坑坑口大小250米×200米，深度80～130米。巴掌岩天坑一半崖壁退化一半崖壁保存完整，天坑周围全为灌丛，乔木稀疏，天坑坑口大小120米×140米，深度70～120米。

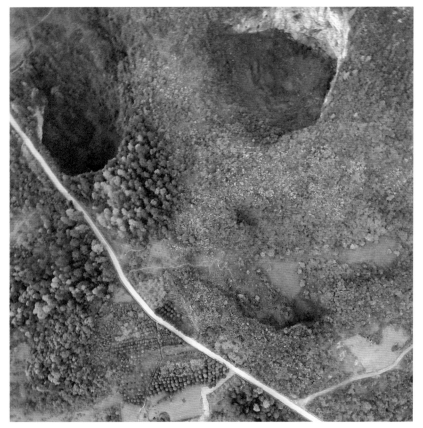

图7-6　石脚盆天坑群一角

（6）其他天坑群

除了上述天坑群之外，在龙州县上金乡、罗城县四把村、靖西市渠洋镇新力村和那坡县龙合乡燕子峒村，也分别发现了天坑群（图7-7）。这些天坑群大部分是通过卫星影像发现的，对个别天坑群和天坑进行了实地规模大小的验证，如左江天坑群、四把天坑、新力天坑和燕子峒天坑均为标准天坑。左江天坑群位于龙州县上金乡至左江北岸峰簇之中，是中国分布最南端的天坑。天坑景观独具特色，因为天坑群与石峰交相辉映，或坑中石柱成林，所以是石柱林绕坑（图7-8）。目前，仅通过无人机发现有4个天坑，具体成因未知。其他天坑群特征和成因有待进一步研究。

图7-7 靖西天坑

图7-8　左江天坑群

3. 国内其他典型天坑（群）简述

（1）重庆奉节小寨天坑群

小寨天坑群位于重庆奉节县兴隆镇，共有7个天坑，包括小寨天坑、冲天岩天坑、箩筐岩天坑、伍家寨天坑、硝坑天坑、大青坑天坑和猴子石天坑等（表7-4），它们处于长江三峡南岸支流九盘河右岸，出露地层为下三叠统的嘉陵江组灰岩，地层产状平缓。这些天坑区域海拔1300～2000米，发育在一个流域面积280平方千米、地形落差达1600米的岩溶水文系统中（陈伟海，2003），几乎所有的天坑都分布于地下河主干道或支流干线上。地下河强劲的水动力条件，为天坑崩塌物质输出提供了便捷的通道，因此天坑的分布、规模、形态与地下河关系十分密切。

表7-4　小寨天坑群简要特征

天坑名称	容积（兆立方米）	坑口大小（米）	最大深度（米）	坑口海拔（米）	等级	类型
小寨天坑	119.4	626×537	662	1331～1440	VL	
硝坑天坑	12.3	328×180	280	1287～1436	L	
冲天岩天坑	6.9	300×160	168	1285～1350		
大青坑天坑	5.3	220×150	130	1329～1400		D
伍家寨天坑	2.5	200×150	110	1388～1445		
箩筐岩天坑	1.1	135×100	100	1280～1286		
猴子石天坑	0.9	123×80	110	1374～1393		

注：表中VL代表特大型天坑，L代表大型天坑，D代表退代天坑。

小寨天坑群中最大者为小寨天坑，位于天井峡—小寨天坑—迷宫河地下河的主河道上，坑底有1条峡谷式地下河通过，最大流量为174米³/秒。其余天坑的体量都远小于小寨天坑，坑底标高大于1150米，高出现代地下水位150米以上，已停止向纵深发育。

小寨天坑位于典型的深切割峰丛谷地地貌区，天坑四周均为高峻的几近直立的石灰岩陡壁所圈闭，天坑坑口最高点和最低点标高分别为1331米和1180米，坑底最低点标高为669米，最大和最小深度分别为662米和511米。天坑在垂向上为双层嵌套结构（图7-9），上部坑口平面投影形状为椭圆形，下部坑口略呈矩形。天坑容积为119.4兆立方米。无论是深度还是容积，小寨天坑是目前世界上已发现的规模最大的岩溶天坑。

小寨天坑位于官渡向斜的南东翼，地层产状平缓，总体倾向北西，倾角小于15度。以中部平台（坎）为界，上部为下三叠统嘉陵江组（T_1j）中厚层状灰岩夹薄层泥质灰岩、灰质白云岩；下部为大冶组（T_1d）泥质灰岩。天坑发育主要受北西北、东北和西北3组较大裂隙控制（陈伟海，2003）。

　　小寨天坑底部有天井峡—小寨天坑—迷宫河地下河通过，多年平均流量8.77米³/秒，最大流量174米³/秒。地下河洞穴宽10～30米，高150米以上，为典型的峡谷式洞道。地下河呈多级陡坎式下降，有多处跌水，最大跌水落差65米。从天井峡北端入口至迷宫河出口，地下河长8.5千米，水位落差364米，平均水力坡度42.8‰，具有强劲的水动力条件，为小寨天坑崩塌物质的搬运并向纵深发展提供了极为有利的条件。

图7-9　小寨天坑双层嵌套结构

　　小寨天坑底部地下河与九盘河之间人工开凿了一条长达1.8千米的引水隧道，将地下河水引到九盘河的南岸，利用水位落差发电，装机3台共1.89万千瓦，339.6米落差的引水管道蔚为壮观。

（2）陕西汉中小南海天坑群

汉中天坑群由4个天坑群组成（罗乾周，2017），天坑数量总计35个，分别位于宁强县禅家岩镇（5个天坑），南郑县小南海镇（10个天坑），西乡县骆家坝镇（7个天坑）和镇巴县三元镇（13个天坑），（表7-5）。

表7-5　汉中天坑群组成及其简要特征

天坑群	天坑名称	坑口大小（米）	最大深度（米）	容积（兆立方米）	等级	类型
宁强禅家岩	地洞河	518×442	340	50	VL	
	天生桥	455×300	340	14	L	D
	菜麻沟	300×100	153	15	L	D
	天生桥（二郎坝）	206×196	131	5		D
	毛家坝	170×161	60	1.3		D
南郑小南海	白崖	368×214	80	4.3	L	D
	黄家山	312×232	109	5.4	L	D
	大旋窝	220×170	75	2.6		
	观音洞	210×145	111	2.4		D
	乱石	203×138	84	1.6		
	伯牛坑	200×145	319	6		
	观音	176×104	100	1.8		
	西沟洞	160×117	213	3.4		
	燕子洞	102×46	100	0.5		
	欧家坪	218×133	62	1.7		D
西乡骆家坝	暗河	435×160	195	10	L	D
	金鸡山	320×110	180	5.4	L	D
	罗圈岩	203×107	87	1.3		D
	落水洞	180×160	70	2		D

续表

天坑群	天坑名称	坑口大小（米）	最大深度（米）	容积（兆立方米）	等级	类型
西乡骆家坝	双旋窝（大）	150×100	210	3.5		
	肖洞沟	128×71	140	1.1		
	双旋窝（小）	110×102	207	1.8		D
镇巴三元镇	圈子崖	520×310	380	36.8	L	
	消洞	300×200	300	1.6	L	
	奇谷崖	256×170	85	2.5		D
	上刘家湾	200×150	150	2.1		D
	石笋洞	160×90	120	2.3		D
	凌冰洞	147×126	89	1.1		
	阴司	138×68	127	1.1		D
	天悬坑	110×100	182	1.2		
	后湾	110×105	250	2.4		
	凹坑	110×80	100	0.7		
	老虎	109×85	170	0.4		
	石门湾	158×113	75	1.3		D
	星子山	110×55	160	0.7		

注：表中VL代表特大型天坑，L代表大型天坑，D代表退代天坑。

　　小南海天坑群位于陕西省汉中市南郑县小南海镇，由10个天坑组成，主要分布于面积为55平方千米的小南海岩溶台原面上（图7-10）（任娟刚，2017），区域海拔800~2200米，出露碳酸盐岩地层主要为下二叠统吴家坪组石灰岩地层，夹硅质条带，总体上地层产状倾向南，倾角10~15度。其上覆地层为下三叠统大冶组灰岩夹粉砂质页岩、泥岩，下覆地层为中二叠统阳新组燧石团块灰岩夹钙质页岩、志留系罗惹坪组页岩和砂岩（图7-11）（任娟刚，2017）。早期三明治式的地层结

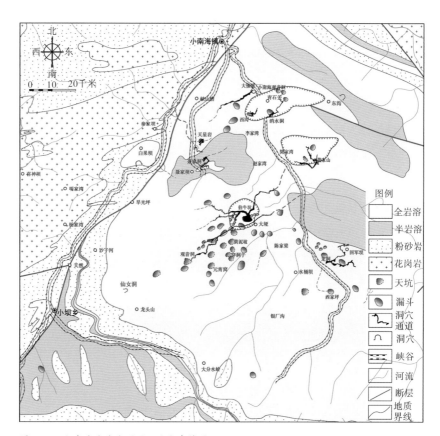

图7-10　小南海岩溶台原面天坑分布简图

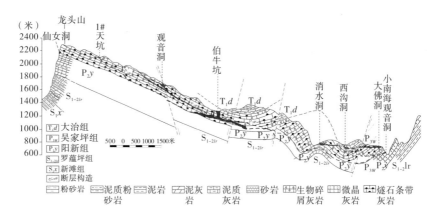

图7-11　小南海岩溶台原面地质剖面图

构和区域活动强烈的龙门山构造带—冷水河断裂为天坑群的发育提供了便利的构造条件。除天坑以外，区域发现的岩溶负地貌还有漏斗38处，竖井6处，溶洞97处（罗乾周，2017；任娟刚，2017）。

小南海地下河系统为该地区规模最大、结构最复杂的地下河，其支流数量较多，包括伯牛天坑地下河子系统、黄家山地下河子系统、回军坝地下河子系统和青石关—大佛洞地下河子系统，这些地下河与天坑发育关系密切。

伯牛天坑地下河子系统长约10.7千米，流域内东北—西南向的线性构造控制了该流域天坑和漏斗的发育。流域内发育有伯牛天坑、燕子天坑、观音洞天坑，以及楚家洞漏斗群、太平洞漏斗群、猫狗洞漏斗群、天王漏斗群、深涡漏斗群、天麻子天星漏斗群、圆漩涡漏斗群、黄龙洞漏斗群、大垭村漏斗群、庙洞湾漏斗群、深凹漏斗群、大坪漏斗群、狼洞子漏斗群、大门洞漏斗群、兴隆洞漏斗群等。黄家山地下河子系统长3.1千米，流域内发育有天坑、漏斗、溶洞、竖井，包括黄家山天坑、吊洞漏斗、响水洞、黄家山漏斗群等。回军坝地下河子系统长约11千米，极为发育的西北—东南向构造与季节性地表水流向高度吻合，流域内发育的岩溶负地貌主要有大旋窝天坑、观音天坑、乱石天坑、欧家坪天坑，以及大屋基漏斗、狮子洞漏斗、龙洞、小龙洞、黑窝坪漏斗、天星漏斗、落水洞群。青石关—大佛洞子系统位于小南海地下河系统下游并处于大垭岩溶台原的边缘地带，总长4千米，主流沿西北西—东南东向构造（冷水河断裂）发育，支流沿西北—东南向断裂发育。流域内发育的主要天坑溶洞有西沟洞天坑、曹家山漏斗、鳖娃子漏斗、草桥关漏斗、下街落水洞群、小南海观音洞、大佛洞等。

小南海天坑群中最典型者为伯牛天坑，位于南郑区小南海镇大垭村，为南郑小南海天坑群中形态最为完整、系统最为完善、景观价值最高的一处天坑。

伯牛天坑位于台原上大型洼地内，天坑出露地层为吴家坪组，岩性为浅灰—灰色薄层状细晶灰岩。岩层产状近水平。发育断层走向98度；

节理发育，节理产状285度∠82度。坑口投影形态呈脚掌状，坑口投影面积为18000平方米。近东西向长200米，南北向宽145米，最大深度为319米。天坑坑口整体呈东南高，西北低，坑口最高处海拔1289米，最低处海拔1241米，最大高差48米（任娟刚，2017）。伯牛天坑坑底地形南高北低，坑底原始地形为大量灌丛、腐殖质、碎石黏土所掩盖（图7-12）。

天坑东南侧、西南侧和西侧均有串珠状落水洞，从落水洞渗入的雨水，或排入地下河，或排入天坑之中。东南侧汇聚的水流，由南向北汇入天坑地下河中。天坑北侧绝壁之下可见地下河溶洞，地下河由西（上游）向东转向东北（下游）穿过。天坑底部洞口宽10米，高12米。地下河流量在枯季和雨季变化巨大，平时水深20～50厘米，流量为10～20米³/秒，洪水时节水深3～4米，流量可达50米³/秒。此外，在天坑绝壁南侧和西北侧，可见干洞洞口，估计是该区域早期地下河通道的残留。

比起大石围天坑群，小南海天坑群中除个别天坑外，大部分天坑底部缺乏崩塌堆积裙，更没有大型块石崩塌堆积体，很多天坑洞壁光滑，有的甚至有流水痕迹，如伯牛天坑南侧和西侧，这也许说明小南海天坑群中大多数天坑演化早期与冲蚀成因有关。

图7-12　从坑底地下河天窗处仰视伯牛天坑

（3）云南沾益大毛寺天坑群

沾益大毛寺天坑群位于云南省沾益海峰自然保护区的大坡乡，共有6个天坑（表7-6），包括神仙塘、大竹清、白鸡陷塘、巴家陷塘、大毛寺、火石坡等（税伟，2018），以大毛寺天坑最为典型。出露地层主要为中二叠统栖霞组灰岩，地层产状平缓。这些天坑区域海拔1960～2040米。区域岩溶水文系统属于金沙江水系，属于金沙江一级支流牛栏江流域范围。区域河流主要包括小洞河和黑滩河，河流特征短小，中上游汇水区为地表河流，下游转入地下形成伏流，地上河和地下河共存。典型岩溶地貌有峰丛、石林、溶丘、峡谷、地下河、溶洞、天坑、陡崖和岩溶泉等。

表7-6   大毛寺天坑群简要特征

天坑名称	容积 （兆立方米）	坑口大小 （米）	最大深度 （米）	坑口海拔 （米）	等级	类型
神仙塘	16.7	420×350	150	2178～2181	L	D
大竹清	15.1	455×365	120	1901～1907	L	D
白鸡陷塘	7.2	360×220	120	2099～2101		D
巴家陷塘	2.6	240×200	70	2081～2084		
大毛寺	1.4	130×80	180	2024～2036		
火石坡	1.0	150×130	65	1961～1965		

注：表中L代表大型天坑，D代表退化天坑。

大毛寺天坑四周坑壁陡直，坑口海拔2030米，坑口直径136米，最大深度184米，平均深度152米，坑口投影面积8500平方米，天坑容积1.4兆立方米。

大毛寺天坑底部处于封闭状态，生长着湿润常绿阔叶林，其植物覆盖度达90%以上，地下森林层次结构复杂，乔木、灌丛、草地皆备，食物链和营养链自成体系，有着特殊的生境条件而形成的特殊植物群落，独具特色。

（4）重庆武隆天生三桥天坑群

天生三桥天坑群，原称石院天坑群，位于重庆市武隆县仙女镇，包括中石院天坑、下石院天坑、青龙天坑、神鹰天坑、贺家坨天坑等5个塌陷型天坑（表7-7），其中青龙天坑和神鹰天坑是位于3座天生桥中的2个天坑，中石院天坑和下石院天坑为退化天坑（陈伟海，2004）。

表7-7　天生三桥天坑群特征简表

天坑名称	容积（兆立方米）	坑口大小（米）	最大深度（米）	坑口海拔（米）	等级	类型
中石院	33.4	697×555	110	1056～1195	VL	D
下石院	31.5	1000×545	110	1080～1143	VL	D
青　龙	21.3	522×198	275	1105～1185	L	
神　鹰	16.4	300×260	284	938～1185		
贺家坨	1.4	290×140	74	920～1104		

注：表中VL代表特大型天坑，L代表大型天坑，D代表退化天坑。

天生三桥天坑群处于中梁子背斜与武隆向斜的中间地带，从北西往南东，地层从老到新，依次出露志留系、二叠系、三叠系和侏罗系地层，是一套总体上倾向南东，倾角10～35度的单斜地层。上述天坑群发育在这一单斜山地的中部下三叠统飞仙关组和嘉陵江组碳酸盐岩地层中。本区岩溶正地形以溶丘为主，标高1100～1200米；岩溶负地形有天坑、峡谷、洼地、漏斗、谷地等，标高700～900米。

天生三桥天坑群集伏流、天坑、天生桥、干谷、洞穴、消水洞于一体，发育阶段与序次清晰，群体岩溶现象发育与演化典型，是一个难得一见的岩溶历史博物园，而且随着天生桥的崩塌演化，天坑退化，有可能演化为一条谷地或坡立谷（图7-13）。

天生三桥天坑群中的青龙天坑和神鹰天坑是由自西向东穿过的羊水河伏流溶洞大厅崩塌而成，由于洞顶垮塌而形成三桥（天龙桥、青龙桥、黑龙桥）和两坑（青龙天坑、神鹰天坑）。

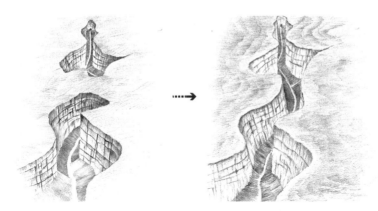

图7-13 天生三桥演化想象图

青龙天坑位于天龙桥和青龙桥之间（图7-14），坑口东西长522米、南北宽198米，天坑最高点位于青龙桥顶东侧，海拔1185.7米，坑底最低点海拔910米，天坑最大、最小深度分别为275.7米、195米，天坑容积为21.3兆立方米。青龙天坑受近南北向的节理裂隙影响，四周崖壁壁峭立，东西端为高达百米的峡谷状洞道；天坑东、西、南侧陡崖高耸，西北侧为陡坡。天坑底部平坦，溪流纵贯东西。

神鹰天坑位于青龙桥和黑龙桥之间，由2座天生桥和周围的陡崖绝壁围合而成。因其西侧山崖形似雄鹰，故称之为神鹰天坑。神鹰天坑平面南北向长300米，东西宽260米，坑口最高点在其西侧的青龙桥顶，底部最低点海拔901米，故天坑最大深度284.7米，最小深度37米，天坑容积16.4兆立方米。

中石院天坑位于武隆县核桃乡明星村，北东距天生三桥约2.4千米，天坑附近地势顺地层倾向往东南倾斜。中石院天坑四周均为陡崖绝壁，峭壁高40～80米。坑口最高点标高1195米，坑底最低点海拔981.3米，天坑最大213.7米，最小深度75.5米。中石院天坑形态浑圆完美，坑口东北东向长697米，东南南向宽555米，天坑容积33.4兆立方米。中石院天坑北侧和南西侧可见顺层发育的干洞，根据洞壁流痕分析，其北侧的洞穴为流出型洞穴；南西侧的洞穴为流入型洞穴，推测天坑底部曾经有地下河通过，为从北往南西流向的野水沟。

（5）贵州平塘打岱河天坑群

打岱河天坑群位于贵州省平塘县塘边镇，处于大小井地下河水系的下游段，即航龙到大小井段。这些天坑区域海拔548～1137米，地形落差达1000米，伏流段水位水力坡度约32‰，洪水期流量可达100米³/秒。出露地层为下三叠统罗楼组和紫云组，中三叠系小米塘组和凉水井组，主要岩性为薄层灰岩、泥质灰岩及泥岩不等厚互层，碳酸盐岩层厚度最大达1600米。主要为北北东向向斜构造，翼部倾角小于15度，大型节理发育，以南北向、北北东向的张性节理为主（刘杰，2012；张成忠，2017）。

打岱河天坑群的岩相古地理位置与大石围天坑群类似，为扬子地台北部南盘江（右江）盆地中的孤立台地，多次重要的构造演化阶段使碳酸盐岩沉积厚度达到上千米。碳酸盐岩成为打岱河天坑群形成与发育必备的物质基础，而盆地中的孤立台地古地理格局，为后期外源水汇入孤台的碳酸盐岩地区并溶蚀、侵蚀形成丰富多彩的岩溶地貌提供了强劲的水动力条件。

打岱河天坑群由猫底坨天坑、道坨天坑、大槽子天坑、老岩山天坑、打赖坨天坑等组成（打岱河本身更可能是坡立谷而非天坑，后述）。猫底坨天坑、道坨天坑为天坑群中最核心的天坑。道坨天坑南北向长约1500米，东西向宽约800米，最大深度为580米，四周岩壁直立；猫底坨天坑东西长约800米，南北宽约500米，最大深度约500米。

如前所述，天坑的发育过程包括从初始的不成熟天坑、典型成熟天坑到退化天坑阶段。退化天坑阶段最明显的表现是天坑部分或周壁的斜坡化，然后变为漏斗、谷地或坡立谷，其差别决定于天坑演化之后的水动力条件。如果天坑退化过程中，水动力条件变化不大或者一直起作用，天坑就有可能向坡立谷方向演化。比如，重庆武隆的天生三桥天坑群，3个天生桥中的任何一个桥崩塌所产生的地貌现象将不再是天坑，而可能是岩溶谷地或坡立谷，打岱河坡立谷的演化历史正是如此。目前虽然打岱河坡立谷周边绝壁保存完整，但显然不是溶洞大厅崩塌或天坑退化不久形成的那个天坑，而是受后期间歇性洪水的不断溶蚀、侵蚀搬

图7-14 青龙天坑和天龙桥

运改造，边坡崩塌后退化形成的坡立谷。打岱河坡立谷上半部分为陡直的绝壁，底部坡脚为裸露的碎石堆积裙和草丛覆盖的锥状堆积，中间绝大部分区域为平坦的地形和蜿蜒其中的河流，河流上游受地下河2个出口补给，下游为消水洞，且在洪汛期因排泄不及时易形成湖泊，在坑底沉积了大量黏土和砂砾等冲积物，使坑底地势较为平缓，这正是坡立谷的典型特征。

不可否认，就打岱河坡立谷来说，它曾经是天坑，但现在它已经退化为坡立谷了。虽然它有陡峭的周壁，但显然不是形成天坑时的陡壁或残存的陡崖。打岱河是天坑演化为坡立谷的典型例子（图7-15）。

图7-15　打岱河坡立谷

（6）重庆武隆箐口天坑群

箐口天坑群位于重庆市武隆县后坪乡二王屯，有箐口天坑、牛鼻子天坑、石王洞天坑、打锣凼天坑、天平庙天坑等5个天坑（表7-8），均属于冲蚀型天坑（陈伟海，2004），以箐口天坑最为典型，是由地表水流集中冲蚀（侵蚀）与溶蚀作用形成的天坑，天坑本身就是地下河的源头。

箐口天坑群出露地层为寒武系、奥陶系和志留系地层；外围高处出露奥陶系下统大湾组至志留系不纯碳酸盐岩和砂页岩，位置稍低的部位出露下奥陶统红花园组和桐梓组灰岩，其下伏地层则为寒武系的碳酸盐岩层，地层产状平缓。

表7-8　箐口天坑群简要特征

天坑名称	容积（兆立方米）	坑口大小（米）	最大深度（米）	坑口海拔（米）	等级	类型
打锣凼	10.4	240×220	372	1080～1160	L	
天平庙	9.9	180×140	420	1110～1220		
箐口	9.2	250×220	195	1000～1100		
石王洞	5.1	170×150	252	1020～1100		
牛鼻子	3.5	280×100	198	1000～1100		

发源于高处的外源水流入地势低处且出露碳酸盐岩地层时，潜入地下形成盲谷和落水洞；落水洞进一步发育，形成岩屋状的竖井状大厅，同时上游裂点后退，竖井逐步扩大，当岩屋崩塌遂演化成冲蚀型天坑。

箐口天坑原名"漩凼"，"漩"字十分形象生动地表达了天坑形成时水流冲入地下的运动状态。

箐口天坑坑口呈椭圆形，东西长250米、南北宽220米，天坑体态为桶状，坑口最高点在南西南侧的悬崖上，海拔1100米，最低点在西北侧冲沟口，海拔1000米；坑底最低点标高804.7米。天坑的最大、最小深度分别为295.3米、195.3米，天坑容积为9.2兆立方米（图7-16）（陈伟海，2003）。

箐口天坑北西侧、东侧及南侧有3支季节性地表溪沟呈瀑布状跌入坑内，坑壁悬瀑冲蚀痕迹众多。箐口天坑坑底南侧为二王洞的入口之一。坑底堆积有地表水携带和周壁崩塌的块石和黏土，堆积体中间为冲沟，雨季积水顺冲沟流入南侧二王洞，在二王洞内约100米处渗入洞底下更深的含水层系统。箐口天坑坑底北北西侧则向上游通向牛鼻洞天坑，雨季牛鼻洞天坑及其上游的集水通过牛鼻洞，经箐口天坑排向二王洞。

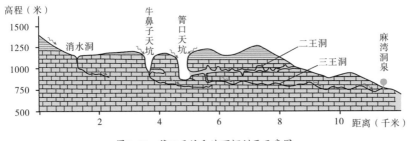

图7-16 箐口天坑和地下河剖面示意图

（7）四川兴文小岩湾天坑

小岩湾天坑位于四川省兴文县兴晏乡，是我国最早发现的天坑，发育于顺河—洞河地下河流域，流域面积为40平方千米。地质构造上位于以志留系砂页岩为轴部的珙县—长宁背斜的南东翼，地层产状平缓。流域北部出露地层为志留系非碳酸盐岩，南部为三叠系下统飞仙关组砂页岩，中间为中二叠系栖霞组和茅口组灰岩与白云质灰岩，南北两侧非岩溶区大量的外源水流入中间岩溶区，导致该地段岩溶化程度十分强烈（图7-17）（Waltham，2005）。这些条件均十分有利于岩溶流域内天坑和洞穴的发育。流域内共发现天坑2个，溶洞89个，总长超过30千米。其中以天泉洞和猪槽井二洞穴系统规模最大，长度分别是8.1千米和8.8千米。两者均与小岩湾天坑直接相通（Waltham，1993，2005；Eavis，2005）。

小岩湾天坑平面投影呈类圆形，东西向长625米，南北向宽475米，周壁为陡崖所封闭，绝壁高60～130米，天坑底部为宽敞的碟状地形。天坑周边最高点标高870米，最低处海拔621.7米，最大深度248.3米，天坑容积为36兆立方米。

小岩湾天坑以西400米处为退化的大岩湾天坑，天坑坑口长680米，宽280米，天坑深度为110米，容积为15兆立方米。由于天坑四周陡崖不完全圈闭，故在形态上远逊于小岩湾天坑。

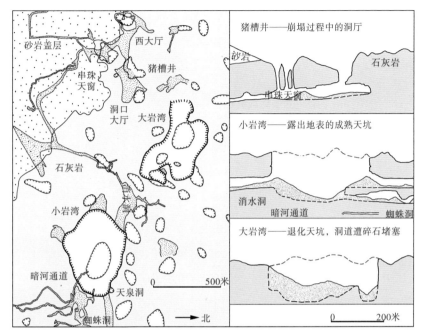

图7-17　兴文天坑群分布图

二、国外重要天坑（群）

1. 国外天坑（群）概述

虽然天坑的发现、调查与研究在我国方兴未艾，但是此时国外天坑的调查和研究还"静悄悄"，近十年来，几乎没有什么进展。因此，这里仍然参考托尼·沃尔瑟姆博士提供的资料（Waltham，2005）（截至2005年12月），即世界其他地区发现的34个天坑。

这些天坑主要分布于巴布亚新几内亚新不列颠Nakanai岩溶区、Muller岩溶台原、马达加斯加，东南亚群岛，欧洲第纳尔岩溶区的斯洛文尼亚、克罗地亚、意大利以及中美洲和南美洲的墨西哥、波多黎各等地。

这些天坑群跨越不同的纬度带和气候带，从赤道高湿山地气候区的巴布亚新几内亚和马达加斯加，到高纬度地中海气候区的斯洛文尼亚和克罗地亚，降水量从数百毫米到数千毫米不等，地下河长度由数千米到数百千米不等，天坑群所在地下河流域面积由数平方千米到数百平方千米不等（表7-9）。

表7-9 国外已知天坑数据及其特征一览表（截至2005年底）

天坑名称	坑口大小（米）	深度（米）		容积（兆立方米）	级别	类型
		最大	最小			
巴布亚新几内亚新不列颠岛 Nakanai						
Minyé	350×350	510	400	26.0	L	
Naré	150×120	310	240	4.7		
Poipun	150×150	160	110	1.7		
BikbikVuvu	190×120	225	190	1.5		
Kea 2	130×110	125	100	1.2		
Lusé	800×600	250	224	61.0	L	D
Kavakuna	380×300	480	360	12.0	L	D
Wunung	500×400	160	150	24.0	L	D
Ora	900×550	275	270	26.0	L	D
东南亚群岛						
Kukumbu（新不列颠）	1000×700	300	280	75.0	L	
Yogoluk（西巴布亚新几内亚）	180×180	240	230	4.0		
Sendirian（马来西亚沙捞越）	115×90	240	180	2.0		I
RmAF Hole（马来西亚沙捞越）	150×120	110	80	1.3		
Himbiraga（巴布亚新几内亚）	400×200	>100	100	5.0		
斯洛文尼亚						
VelikaDolina	300×170	165	120	3.5		
Mala Dolina	170×120	130	95	1.0		
Lisičina	400×200	115	80	2.0		D
克罗地亚						

续表

天坑名称	坑口大小（米）	深度（米）		容积（兆立方米）	级别	类型
		最大	最小			
CrvenoJezero	450×400	528	431	30.0	L	
Modro Jezero	700×400	290	160	22.0		D
墨西哥						
El Sotano	440×210	455	310	16.0	L	
Golondrinas	300×130	400	355	5.0		I
巴西						
Peruaçu North	450×200	170	130	10.0		
Peruaçu South	400×180	150	70	5.0		D
波多黎各						
Tres Pueblos Sink	190×180	120	90	2.5		
马达加斯加						
Mangily	700×500	140	100	25.0		
Styx 2	400×300	140	100	8.0		
其他地方						
Uli Malemuli（巴布亚新几内亚）	80×100	420	200	>1.0	L	
Atea（巴布亚新几内亚）	80×100	150	100	0.8		
Uli Mindu（巴布亚新几内亚）	70×130	200	140	1.0		
Pozzatina（意大利）	675×440	130	104	14.0		
Pulicchio（意大利）	710×550	100	90	15.0		
Garden of Eden（马来西亚）	1200×800	300	150	150.0	L	D
Lago Azul（巴西）	200×140	280	265	4.3		
Zacaton（墨西哥）	115×100	350	330	2.8		

　　注：表中引用数据基本可靠，除个别深度为估计值外，大部分数据或来自以前的出版物或测量所得，天坑剖面没有进行详细绘制；L代表超级或大型天坑，D代表退化天坑，I代表不成熟天坑；其中个别天坑数据作了调整，并根据相关资料添加了3个天坑。

在已知的34个天坑中，有超级或大型天坑10个，其中8个为退化天坑，2个为完整的天坑；有些以天坑群的形式出现。以约100平方千米分布区域为界而论，共有天坑群7处（表7–10），其中巴布亚新几内亚的新不列颠Nakanai天坑群最大，由9个天坑组成，包括3个超级天坑。

表7-10　国外主要天坑群一览表

序号	名称	位置	数量
1	Nakanai	巴布亚新几内亚	9个天坑，其中超级天坑3个，最大者长900米，宽550米，深275米
2	Mamo	巴布亚新几内亚	>100漏斗，至少1个超级天坑，天坑总数未知
3	Skocjanske	斯诺文尼亚	3个天坑
4	Imotski	克罗地亚	2个天坑，其中超级天坑1个，长700米，宽400米，深290米
5	Peruaçu	巴西	2个天坑
6	El Sotano	墨西哥	2个天坑
7	Ankarana	马达加斯加	2个天坑，其中超级天坑1个，长700米，宽500米，140米

2. 国外典型天坑群简述

（1）巴布亚新几内亚的纳卡奈（Nakanai）天坑群

纳卡奈天坑群位于巴布亚新几内亚的新不列颠岛，新不列颠岛一半是灰岩，一半是火山岩。石灰岩主要分布于纳卡奈岩溶区，平均海拔1800～2000米，降水量高达5000毫米。强劲的降水量加上湿热的气候，使该地区形成了众多河流（包括地下河），在强烈的岩溶作用下发育了尖刀状的山脊、峡谷和大型地下河溶洞。纳卡奈岩溶区的天坑数量和规模，以及对应的地下河是世界上可与中国岩溶区相媲美的地区（Waltham，2005），然而纳卡奈岩溶区地形起伏不平，发育有8条深峡谷和至少9个天坑，以Minyé天坑、Naré天坑和Lusé天坑最具特色。但与中国深切的峰丛洼地地貌不同，Nakanai高原的岩溶正地形以溶丘为主（图7-18），峰坡和

图7-18　纳卡奈（Nakanai）高原和Minyé天坑

缓，相对高度不超过100米，且其上常见黏土覆盖。

　　Minyé天坑坑口平面投影近圆形，被称为世界上最完美的大天坑之一，天坑周边险峻绝壁环绕并为树木掩映，坑口大小350米×350米，最大深度510米，最小深度400米，天坑容积26兆立方米。过境地下河横穿Minyé天坑底部，流量达25米³/秒（Waltham，2005）。

　　Naré天坑规模虽不如Minyé天坑，但其四周直立的和反倾斜的岩壁使它显得非常壮观；Naré天坑两侧均有高、宽达50米的洞口，底部与地下河相连，地下河流量达15米³/秒。

　　Lusé天坑规模巨大，属退化天坑，坑口大小800米×600米，最大深度250米，最小深度224米，天坑容积61兆立方米，底部为崩塌块石和茂密的植被所掩盖，不见地下河的踪迹，而且天坑四周绝壁不完整（James，2005）。

　　Minyé天坑和Naré天坑是典型的成熟天坑类型，纳卡奈岩溶区的天坑与中国的天坑相比，均发育于包气带深厚的、非常活跃的岩溶区。但是，在演化过程中，相对于崩塌来说，纳卡奈岩溶区显示更强的溶蚀能力。

除天坑之外，纳卡奈岩溶区发育有众多塌陷漏斗，但规模较小，有些可视为小天坑，但却不能与定义上的天坑相比。

（2）巴布亚新几内亚的玛莫（Mamo）天坑（漏斗）群

玛莫天坑（漏斗）群发育于穆勒（Muller）台原之上，穆勒台原位于南纬5度左右的巴布亚新几内亚穆勒山脉南坡，属于高地热带气候，年降水量达3.5~4.5米；台原海拔2000~3100米，相对高600~1000米，其上漏斗极其发育，也许是世界上密度最大的大漏斗群发育区（James，2005）（图7-19）。穆勒台原主要包括三大漏斗群，即Rorogepo漏斗群、Mamo漏斗群和Atea漏斗群。

图7-19　穆勒（Muller）台原一角

穆勒台原出露碳酸盐岩主要为上新世灰岩，上覆粉砂岩（图7-20）（James，2005）。由于岩盖的存在，雨水渗透受限从而形成地表径流，流量为2～20米³/秒。水流汇入地形低处即灰岩出露之处形成消水洞或竖井，继而洞壁崩塌扩大，形成漏斗。

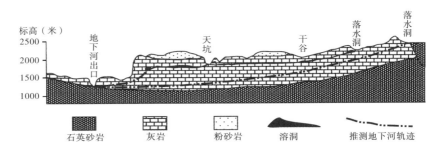

图7-20　穆勒（Muller）台原地质剖面图

（3）马达加斯加安卡拉那（Ankarana）天坑群

安卡拉那天坑群位于马达加斯加北部安卡拉那（Ankarana）岩溶台原，发育地层为中侏罗统石灰岩。台原面微向东倾斜，台原西侧为"安卡拉那之墙"，即绵延20千米、高280米的断崖，台原南侧为"塔状岩溶"台原溶丘，台原中部受地震和年均降水量2000毫米的强降水的溶蚀和侵蚀，上部软弱岩层逐渐被剥蚀、溶蚀，而底部坚硬岩石裸露出来，形成了举世闻名的剑状石林，当地称之为tsingy。受极其发育的节理控制，安卡拉那岩溶台原发育了众多岩溶峡谷、天坑和漏斗，峡谷和漏斗底部过境河流清晰可见（图7-21）。天坑群中最大者为Mangily天坑，坑口直径超过500米，深度为140米，容积为25兆立方米。其次是Styx 2天坑，发育于Styx地下河之上，天坑直径超过300米，深度100米以上（Gilli，2014）。这两个天坑很显然都与大型洞穴廊道的塌陷有关，属于塌陷型天坑。除此之外，在Styx地下河之上，还发育有Styx 1和Styx 3两个天窗，但规模达不到天坑定义的标准。在Styx地下河东部和安卡拉那岩溶台原东北部也发育有一些大型塌陷漏斗，包括Andrafiabe洞洞顶崩塌形成的一个宽达70米、高50米的大天窗（漏斗）。

图7-21　安卡拉那（Ankarana）岩溶台原和天坑

（4）斯诺文尼亚的斯科兹扬（Škocjanske）天坑群

斯科兹扬天坑群位于斯洛文尼亚喀斯特（Kras）高原边缘，发育于斯科兹扬地下河之上。

维利卡（Velika）天坑坑口直径170米，深度155米，天坑四周绝壁残存，部分为植被掩映。马拉（Mala）天坑坑口直径约130米，深度为130米，天坑四周有陡直崖壁，也有森林覆盖的斜坡。2个天坑之间为地下河洞穴形成的天生桥。很显然这2个天坑均是斯科兹扬洞道崩塌的结果（Kranjc，2005），属塌陷型天坑。邻近的里斯奇拿（Lisičina）天坑是第三个天坑，位于不再活动的入水洞的边界线上，天坑四周只有部分陡直的岩壁，属于退化天坑。天坑底部位于斯科兹扬溶洞的上层洞道之上。

以上3个天坑，随着崖壁的进一步后退演化，可能会合并形成一个长800米、宽300米的巨型天坑。不过到时候天坑可能早已退化，而不能再称为天坑了。

（5）克罗地亚的伊莫兹科（Imotski）天坑群

伊莫兹科天坑群位于克罗地亚南部，紧邻波斯尼亚边境，是第纳尔山脉的中心。其中的红湖天坑（Crveno Jezero，Red Lake）是一个典型的天坑（图7-22），天坑四周是耸立的红色灰岩崖壁，天坑坑口直径达

400米，天坑最大深度528米，平常湖面以上高度达247米，而湖水深度超过281米，底部是堆积斜坡。天坑容积达到30兆立方米。

　　蓝湖天坑（Modro Jezero，Blue Lake）位于红湖天坑东侧不足1千米之处，属退化天坑（图7-23），天坑上部岩壁陡直，但下部为块石堆积斜坡。蓝湖湖水受季节性降水量的影响，深度从0米到100米不等。

图7-22　红湖天坑（Crveno Jezero，Red Lake）

图7-23　蓝湖天坑（Modro Jezero，Blue Lake）

第八章 大石围天坑群的价值

　　天坑是岩溶地区最为奇特的负地形地貌，因其独特的美学观赏性和旅游开发价值，"天坑"一词在民间广为流传，但在学术界作为一个学术名词并没有被广泛接受。因此，全国各地有关"天坑"的消息不断刷新，且以天坑群的发现居多，包括广西文雅、四把、东兰、石脚盆、岩流、左江、新力、燕子峒，云南镇雄、沾益、沧源，贵州打岱河、半洞、大槽口、赫章、开阳，湖北小溪河、黄桶岩、千丈坑、宣恩，湖南湘西龙山，陕西汉中三元、小南海、骆家坝、禅家岩等"天坑群"不断被发现。从某种程度上看，这体现出乐业天坑的价值，是乐业天坑的发现和研究引领了全国天坑的发现和调查热潮。当然，乐业天坑的价值还体现在大石围天坑群和百朗地下河构成了一个完整的水文动力系统，各个发育阶段的天坑应有尽有，是天坑系统研究的理想之地；大石围天坑群共有 29 个天坑，形态丰富多彩，每个天坑所依托的地表峰丛及其与天坑背景下的生物多样性构成了独特的险、峻、雄、奇的自然美。如同桂林喀斯特之于中国南方喀斯特，是皇冠上的"蓝宝石"，大石围天坑群之于世界塌陷型天坑，也是皇冠上的"明珠"。

一、国内外天坑群对比分析

　　迄今为止，世界上已发现天坑约250个，其中34处天坑群计有207个天坑。这些天坑群跨越不同的纬度带和气候区，从赤道高湿山地气

候区的巴布亚新几内亚和马达加斯加，到中纬度中亚热带湿润气候区
的我国西南大部分地区和北亚热带的米仓山地区，到高纬度地中海气
候区的斯洛文尼亚和克罗地亚均有分布（图8-1）。为更有效地对比
分析，我们从上述34处天坑群中选择了11处典型的天坑群，这些天坑
群既有塌陷型天坑，又有冲蚀型天坑；既有发育于盆地状岩溶地貌中
的天坑群，也有发育于台地状岩溶地貌中的天坑群，即乐业大石围天
坑群、巴马好龙天坑群、汉中小南海天坑群、奉节小寨天坑群、平塘
打岱河天坑群、武隆箐口天坑群、武隆天生三桥天坑群、斯洛文尼亚
的斯科兹扬（Škocjanske）天坑群、巴布亚新几内亚的新不列颠岛纳
卡奈（Nakanai）天坑群和穆勒（Muller）台原的玛莫（Mamo）天坑
群、马达加斯加的安卡拉那（Ankarana）天坑群，从4个方面将其特征
列表如下（表8-1），然后从天坑的演化环境、演化模式以及类型方
面进行对比分析。

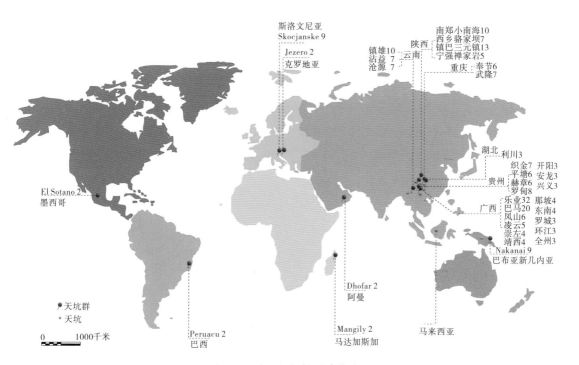

图8-1　世界天坑（群）分布简图

表8-1　世界典型天坑群对比分析

对比地		乐业大石围	巴马好龙	汉中小南海	奉节小寨	平塘打岱河	武隆箐口	武隆天生三桥	斯洛文尼亚斯科兹扬	新不列颠岛纳卡奈	穆勒台原玛莫	马达加斯加安卡拉那
天坑数量		32	20+	10	6	5	5	5	3	9	>100漏斗	3
国家		中国	中国	中国	中国	中国	中国	中国	斯洛文尼亚	巴布亚新几内亚	巴布亚新几内亚	马达加斯加
岩溶演化环境	地形	高原斜坡峰丛洼地	山地高峰丛洼地	岩溶台原谷地	山地峰丛峡谷	高原斜坡峰丛洼地	山地溶丘谷地	山地溶丘峡谷	高地（原）溶丘峡谷	山地溶丘峡谷	山地溶丘台原	溶丘高地
	海拔（米）	1200～1400	500～700	1200～2000	1100～1900	1000～1300	1000～1200	1100～1300	1100～1300	600～900	2000～3000	—
	地层	石炭系—二叠系	石炭系	二叠系	三叠系	三叠系	奥陶系	三叠系	白垩纪—古近纪	渐新统—上新统	渐新统—上新统	侏罗统
	岩性	纯灰岩	纯灰岩	夹硅质条带灰岩	灰岩夹薄层泥质灰岩	薄层灰岩、泥质灰岩	灰岩	灰岩、白云质灰岩	纯灰岩	生物微晶灰岩	生物微晶灰岩	石灰岩
	厚度（米）	2000～3500	1000～2000	400～700	400～700	800～1600	600～1000	700～1055	300	1400	1400	300
	岩质	坚硬、致密、纯净	坚硬、致密、纯净	坚硬、致密	坚硬、致密	坚硬、致密	坚硬、致密、纯净	坚硬、致密、纯净	坚硬、纯净	软弱、纯净	软弱、纯净	纯洁

续表

对比地		乐业大石围	巴马好龙	汉中小南海	奉节小寨	平塘打岱河	武隆箐口	武隆天生三桥	斯洛文尼亚斯科兹扬	新不列颠岛纳卡奈	穆勒台原玛莫	马达加斯加安卡拉那
岩溶演化环境	构造部位	"S"型构造转折处背斜轴部	东北和东南向格状构造	北西北断层和褶皱	官渡向斜的西南翼	东北东和南北向节理，向斜构造	—	武隆向斜的西北翼	东北节理和西北断层	南北向岛弧构造	南北向岛弧构造	东北向断层和东西向节理
	古地理	右江盆地孤台	右江盆地孤台	扬子地台北缘	扬子地台	右江盆地孤台	扬子地台	扬子地台	台地	台地	台地	台地
	现代气候	南亚热带湿润季风气候	南亚热带湿润季风气候	北亚热带湿润季风气候	中亚热带湿润季风气候	中亚热带湿润季风气候	中亚热带湿润季风气候	中亚热带湿润季风气候	地中海气候	赤道高湿山地气候	赤道高湿山地气候	赤道高湿山地气候
	年均温度（摄氏度）	17	19	16	17	17	17	18	9	26	26	25
	年均降水量（毫米）	1400～1700	1500～1600	700～1400	1200～1900	1200～1400	1000～1100	1100	1400	8000～10000	3500～4500	2000
	流域面积（平方千米）	835	1 484	2～20	280	1 560	70	75	31	20～50	20～100	5～50
	水文地质	丰富的外源水和大气降水	丰富的外源水	岩盖外源水和内源水	外源水	丰富的外源水	岩盖外源水和内源水	外源水	外源水	岩盖外源水和内源水	岩盖外源水和内源水	岩盖外源水和内源水
	包气带厚度（米）	800～1000	200～400	500～700	＞1000	300	1 000	1000	300	600	1000	300

续表

	对比地	乐业大石围	巴马好龙	汉中小南海	奉节小寨	平塘打岱河	武隆箐口	武隆天生三桥	斯洛文尼亚斯科兹扬	新不列颠岛纳卡奈	穆勒台原玛莫	马达加斯加安卡拉那
岩溶形态	天坑类型	塌陷型为主	塌陷型	塌陷型和冲蚀型并存	塌陷型	塌陷型	冲蚀型为主	塌陷型	塌陷型	塌陷型和冲蚀型并存	塌陷型和冲蚀型并存	塌陷型和冲蚀型并存
	地表形态	峰丛洼地	谷地和冲积平原	峰丛洼地、谷地	峰丛谷地	峰丛洼地、盆地	溶丘	浅丘	溶丘	浅丘和洼地	浅丘漏斗	浅丘和洼地
	地下溶洞	大型溶洞	大型溶洞，大厅众多	小型居多，有1个直径大于10千米的溶洞	大型溶洞	大型溶洞	大型溶洞	中型溶洞	大型峡谷式溶洞	中型溶洞	溶洞少	中型溶洞
	地下河（千米）	232	1483	2~15	12	大型地下河	大型地下河	中型地下河	中型地下河	中型地下河	大型地下河	小型地下河
岩溶演化过程	形态成因	越境式外源水侵蚀、溶蚀	越境式外源水侵蚀、溶蚀	岩盖外源水侵蚀和内源水改造	越境式外源水侵蚀、溶蚀	越境式外源水侵蚀、溶蚀	岩盖外源水侵蚀和内源水改造	越境式外源水侵蚀、溶蚀	越境式外源水侵蚀、溶蚀	岩盖外源水侵蚀和内源水改造	岩盖外源水侵蚀和内源水改造	岩盖外源水侵蚀和内源水改造
	地貌进程	崩塌后退	崩塌后退	漏陷—塌陷	崩塌后退	崩塌后退	冲蚀崩塌后退	崩塌后退	塌陷	漏陷—塌陷	漏陷化	漏陷化
	演化阶段	天坑—谷地	天坑—谷地	地下河—天坑	天坑—峡谷	地下河—天坑—谷地	天坑—谷地	天坑—峡谷	地下河—天坑	地下河—天坑	漏斗	漏斗
其他因素	生态	次生林	次生林	次生林	次生林	次生林	次生林	次生林	次生林	热带雨林	高山灌丛	森林
	人类活动	旅游	旅游+农业	农业+旅游	旅游	旅游+农业	农业	旅游	科研+旅游	农业	农牧业	保护区

　　由表8-1可知，天坑群的演化环境包括地形、海拔、地层、岩性、厚度、岩质、构造部位、古地理、现代气候、年均温度、年均降水量、流域面积、水文地质、包气带厚度等。天坑的形态类型包括天坑类型、地表形态、地下洞穴、地下河等。天坑群的演化过程（模式）包括形态成因、地貌进程、演化阶段等。其他影响天坑演化的因素主要是生态和人类活动。

1. 天坑群的演化环境对比分析

（1）天坑发育的地理背景对比分析

　　从天坑发育的气候带来说，马达加斯加安卡拉那天坑群、巴布亚新几内亚纳卡奈天坑群和穆勒台原的玛莫天坑群发育于低纬度赤道高湿山地气候区，大石围天坑群、巴马好龙天坑群、平塘打岱河天坑群发育于南亚热带湿润季风气候区，奉节小寨天坑群、武隆箐口天坑群和武隆天生三桥天坑群发育于中亚热带季风气候区，汉中天坑群发育于北亚热带湿润季风气候区，克罗地亚伊莫兹科天坑群和斯洛文尼亚的斯科兹扬天坑群发育在高纬度地中海气候区。这些天坑群所在的区域年平均降水量以低纬度的巴布亚新几内亚纳卡奈天坑群和穆勒台原玛莫天坑群最大，达到4500～10000毫米；而汉中天坑群多年平均降水量为700～1100毫米，是降水量最少的岩溶区域。上述天坑群区域的年均气温9～26℃，斯洛文尼亚斯科兹扬天坑群所在区域是多年平均气温最低的区域，而巴布亚新几内亚纳卡奈天坑群所在区域是多年平均气温最高的区域。

　　从天坑发育的地形标高来看，这些天坑群所在区域地形标高500～3000米，海拔最高的天坑群为巴布亚新几内亚穆勒台原的玛莫天坑群，其天坑发育标高2500米以上；而海拔最低的天坑群为巴马好龙天坑群，坑口海拔500～700米。

　　从天坑发育的地貌背景来看，包括大石围天坑群在内的大部分天坑群均发育于深切割的峰丛洼地和峰丛谷地区域，而汉中天坑群、纳卡奈天坑群、安卡拉那天坑群以及玛莫天坑群则发育于岩溶台原（台地、高原）、溶丘（浅丘）、洼地（谷地）区域。

（2）天坑发育的地质背景对比分析

从发育地层上看，我国的天坑群均发育于古老、坚硬、致密的古生代和中生代碳酸盐岩地层中；而国外的天坑群，包括斯洛文尼亚的斯科兹扬天坑群、巴布亚新几内亚的新不列颠纳卡奈天坑群和玛莫天坑群则发育于中生代侏罗纪、白垩纪，甚至新生代新近纪地层中，地层相对年轻、岩石软弱。即使同样是发育在二叠系地层中的天坑群，大石围天坑群和好龙天坑群是发育在质纯层厚的中二叠统栖霞组和茅口组灰岩中，汉中天坑群发育于上二叠系统吴家坪组和阳新组灰岩中，后者夹大量硅质条带，这些硅质条带起到隔水或局部汇水的作用。正是由于岩性的差异，大石围天坑群的大部分天坑周壁陡峭、雄伟壮观；而汉中天坑群虽不多见周壁陡峭者，但周壁常常悬挂瀑布，坑底潺潺跌水，别有情趣。

无论是国内还是国外，上述天坑群发育的岩性均为灰岩，而白云岩少见。但岩层厚度却相差甚远，大石围天坑群的地层厚度最大，3000米厚的碳酸盐岩为天坑发育提供了充分的物质基础；而斯洛文尼亚的斯科兹扬天坑群和马达加斯加安卡拉那天坑群的地层最薄，厚度仅300米。

（3）天坑发育的水文地质对比分析

从岩相古地理上来看，大石围天坑群、好龙天坑群、打岱河天坑群均发育于右江盆地的孤台区，孤台区沉积了大量的碳酸盐岩，而孤台区周围的古海洋水深数千米，因而沉积了巨厚的砂岩和页岩（陈洪德，1990；候中建，2000；覃建雄，2000）。当孤台区的碳酸盐岩露出地表时，其周围为大量非碳酸盐岩所包围，因而形成一种盆地状岩溶地貌结构，这种地貌结构使得岩溶发育过程中，岩溶地貌区能够获得大量的来自于周围碎屑岩区域的越境式外源水，这些外源水具有强劲的溶蚀和侵蚀能力，从而在碳酸盐岩区域形成大型地下河、溶洞，最终形成众多的天坑；而位于地台区的天坑群，包括小南海天坑群、天生三桥天坑群等则位于扬子地台、准地台，斯洛文尼亚的斯科兹扬天坑群和巴布亚新几内亚的纳卡奈天坑群也位于其他台地区，受地壳运动的影响，形成一种台地状（高原、台原）岩溶地貌。虽然有一定的越境式外源水补给，但是绝大部分还是以岩盖汇聚式外源水为主，尤其是位于扬子地台北缘的汉中天坑群和巴布亚新几内亚的玛莫天坑群，仅有少量越境式外源水补给，大部分是岩盖外源水相对汇聚，形成地下河，然后形成溶洞，塑造溶洞大厅，最终形成天坑。而小寨天坑群所在岩溶地貌不是盆地状岩溶地貌，也不是台地状岩溶地貌，是由发育于复式向斜区域的一系列夷平面组成的地貌单元，从古老的鄂西期地貌单位，到山原期地貌单位，再到三峡期地貌单位，因此它不仅能从向斜翼部的分水岭地带获得大量外源水，而且更重要的是受长江三峡快速下切的影响，形成了高达1600米的巨大地形反差。发育的地下河如高速溶蚀"运输"通道，将大量溶洞大厅或天坑崩塌的物质快速溶蚀搬运，因而形成世界第一大的小寨天坑。

从天坑群发育的包气带厚度来看，大部分天坑群均具有深厚的包气带厚度，但差异非常大。大者数千米，小者数百米。前者如大石围天坑群、小寨天坑群、箐口天坑群、天生三桥天坑群以及玛莫天坑群，其包气带厚度均在千米以上。而巴马好龙天坑群由于靠近地下河下游，紧邻红水河支流盘阳河，被其侵蚀基准面，包气带厚度为300米左右；马达加斯加安卡拉那天坑群，包气带厚度即灰岩厚度也仅有300米，二者均是天坑群中包气带厚度最小的区域。

此外，这些天坑群中，与天坑发育相关的地下河和溶洞也表现出巨大的差异。地下河流域面积较大者包括打岱河天坑群所在的大小井地下河，流域面积为1560平方千米（张成忠，2017），好龙天坑群所在的坡月地下河流域面积为1485平方千米，大石围天坑群所在的百朗地下河流域面积也有835平方千米；而那些发育于台地岩溶地貌区的天坑群，由于地下河的汇水主要来源于岩盖区域，其所在地下河流域面积却小得多，如小南海天坑群所在流域的地下河仅2～20平方千米，巴布亚新几内亚的玛莫天坑群也差不多如此。地下河流域的规模决定了其溶蚀、侵蚀能力，也基本决定了其所形成的溶洞大小。大型地下河流域，如百朗地下河，其流域范围中28.5%为外源水区域，水源丰富，水动力强劲，因而广泛发育大型溶洞，如大石围天坑群的大曹洞穴系统和红玫瑰大厅，白洞洞穴系统和阳光大厅，其中红玫瑰大厅容积居世界第五，阳光大厅高达365米。好龙天坑群所在的坡月地下河流域，流域面积为1485平方千米，外源水区域占到47.7%，因而发育了275处大小洞穴，被称为"洞穴之城"（Bottazzi，2018），包括中国第三长的江洲地下长廊，长度为52千米，其中洞底投影面积超过5000平方米的溶洞大厅就有25个。而那些小型地下河流域，如汉中小南海，台原面积约70平方千米，由4个子流域系统组成，因而形成的溶洞长度均不足5千米，以长度0.5～1千米的溶洞居多（任娟刚，2017）。

2. 天坑发育演化模式对比分析

根据天坑群形成条件的差异，可将大部分天坑发育演化模式分为越境式外源水喀斯特天坑演化模式和汇聚式外源水喀斯特天坑演化模式。前者以大石围天坑群为典型例子，后者以小南海天坑群和玛莫天坑（漏斗）群为范例，阐述如下。

（1）盆地状越境式外源水喀斯特天坑演化模式

基本特征：①盆地状岩溶地貌，周围碎屑岩区高于碳酸盐岩区；②深切割高峰丛洼地地貌；③单一碳酸盐岩地层结构；④非碳酸盐岩夹层少；⑤碳酸盐岩裸露，无岩盖；⑥外围碎屑岩形成的外源水汇入碳酸盐岩；⑦包气带厚度大；⑧大型地下河和大型溶洞发育；⑨塌陷型天坑为主。

大石围天坑群所在岩溶区周围为大量碎屑岩所包围，周围碎屑岩山体高出碳酸盐岩区100～400米，构成盆地状岩溶地貌结构，碳酸盐岩区无上覆碎屑岩或不纯碳酸盐岩岩盖。雨水在碎屑岩区形成地表径流，即越境式外源水流入碳酸盐岩沉积区，在碳酸盐岩沉积区形成百朗地下河，地下河穿越碳酸盐岩区，向侵蚀基准面红水河排泄。

百朗地下河是广西第三大地下河，流域面积为835.5平方千米，其中外源水面积为238.1平方千米，占流域面积的28.5%，地下河出口流量为3.48～121米³/秒；地下河由21条支流组成，总长162千米，每条支流的源头均有来自碎屑岩区的外源水，在非岩溶与岩溶接触带附近，以伏流（落水洞）的形式汇入地下河中。在岩溶与非岩溶接触带附近地下水埋藏深度小于50米，在接近地下河主管道部位，地下水埋藏深度大于100米，甚至数百米，在流域内中央区域的"S"型构造区，地下水埋藏深度大于800米，包气带深厚。

百朗地下河具有统一的岩溶含水体以及补给、径流、排泄条件和边界条件，为一完整的水文地质单元，起着排泄流域内几乎所有地下水和地表水的作用，具有高度集中排泄的特征。由于地下河强劲的溶蚀搬运能力，形成了众多的洞穴系统。在构造相对薄弱，如交叉节理比较发育的地方，可形成溶洞厅堂，继而崩塌—溶蚀—侵蚀—搬运循环往复，溶洞大厅越来越大，如容积居世界第四的红玫瑰大厅。有些大厅洞顶崩塌露出地表，如冒气洞，而有些大厅完全垮塌露出地表，形成周壁陡直的特大型漏斗、天坑，如大石围天坑群共有29个天坑，此外还有9个达不到天坑标准的大型漏斗；有些天坑形成后，地下河被迫改道，天坑随之逐渐退化，陡直周壁的完整性最终受到破坏，陡壁变为斜坡甚至缓坡，如大坨天坑。这些大型岩溶负地形，大部分发育于百朗地下河中游主流河道轨迹上，少部分则发育于地下河支流河道轨迹上，如地下河上游的大洞天坑和地下河下游的打陇天坑。

（2）台地状汇聚式外源水喀斯特天坑演化模式

基本特征：①盆地状岩溶地貌，周围碎屑岩区高于碳酸盐岩区；②深切割高峰丛洼地地貌；③单一碳酸盐岩地层结构；④非碳酸盐岩夹层少；⑤碳酸盐岩裸露，无岩盖；⑥外围碎屑岩形成的外源水汇入碳酸盐岩；⑦包气带厚度大；⑧大型地下河和大型溶洞发育；⑨塌陷型天坑为主。

小南海天坑群位于汉中南郑区小南海台原上，小南海天坑群所在岩溶台原面积为55平方千米，具有上覆非岩溶或半岩溶盖层和下伏碎屑岩地层（图7-4）。所在岩溶区周围为碎屑岩所包围，但是碳酸盐岩区域高于周围碎屑岩区，或者由深400~1000米的陡崖、峡谷与碎屑岩分离，构成相对独立的台地或台原地貌结构；碳酸盐岩区常上覆碎屑岩或不纯碳酸盐岩岩盖。因此，雨水在外围碎屑岩区形成地表径流，即外源水无法流入碳酸盐岩沉积区，构成统一的地下河系统。台地岩溶区的地下河由上覆岩盖汇聚形成地表径流，即"汇聚式外源水"在负地形区域，如洼地底部、谷地底部，通过落水洞流入碳酸盐岩区，形成地下河。由于上覆地层的不连续性，受节理控制这些落水洞往往构成串珠状漏斗，众多漏斗如"天窗"一样出露地表，因此也称为窗式喀斯特。窗式喀斯特汇聚的外源水即成为地下河源头，称为起源式地下河（朱学稳，2006）。起源式地下河在落水洞处往往形成冲蚀型天坑，如小南海天坑群的观音洞天坑、西沟洞天坑、天星岩天坑等。这些地下河在小南海台原面下渗贯通形成地下河，然后在冷水河基准面排泄于地表。受岩性、构造和地形控制，小南海台原面上形成了至少4条地下河系统，因而在台原面四周出现多个排泄口。在起源式落水洞和排泄出口之间，地下河同样具有同大石围天坑群相似的演化历程，即地下河—溶洞—大厅—（崩塌）—天窗，最终形成天坑，如黄家山天坑、大旋窝天坑和伯牛天坑等。值得一提的是，小南海岩溶台原除上覆不纯的碳酸盐岩岩盖外，还有不纯的硅质岩夹层，后者也起到局部汇聚内源水的作用，因而同样可以形成大型地下河和溶洞大厅，如天星地下河洞穴系统，迄今勘测洞穴长6.7千米，主洞地下河洞穴平均宽度和高度均在40米以上，而新发现的溶洞大厅，长300米，宽100米，高60米。这为小南海天坑群的形成提供了直接的证据。

另外一个范例是玛莫天坑群，位于巴布亚新几内亚的穆勒台原，所在岩溶台原面积约400平方千米，具有上覆粉砂岩盖层和下伏砂岩地层的特点（图7-19），由3个台原组成，即罗吉婆、玛莫和阿提台原。其中玛莫台原面积约100平方千米，发育有100多个天坑（漏斗），其中很多漏斗受节理或断层控制，具有明显的方向性。汇聚于北部的粉砂岩岩盖区的外源水，通过众多漏斗渗入下部灰岩中，形成多条地下河流，最终从台原西侧陡崖边缘排泄，排泄口低于台原面上千米（图8-2）（James，2005）。最值得关注的是台原面东南的隆勾玛（Rongouma）

地下河洞穴系统，地表溪流汇聚于粉砂岩之上，然后通过落水洞排向地下，落水洞最终发育成典型的冲蚀型天坑；然后在地下则发育55千米长的洞穴系统，由8层通道系统组成，发育有3个溶洞大厅，容积均超过1兆立方米。随着上覆粉砂岩盖层逐渐被剥蚀，地表快速下蚀，同时受溶蚀作用影响崩塌大厅逐渐扩大，并不断发生顶蚀作用，这些大厅崩塌露出地表，则可能形成天坑。

　　除了上述2种主要的演化模式外，也许还有其他喀斯特天坑发育模式。但是，岩溶地区如果没有横向越境式外源水的输入—输出（越境式地下河），就没有上覆碎屑岩或不纯岩溶地层存在而形成纵向起源（岩盖汇聚）式外源水的补给（起源式地下河），如桂林喀斯特遗产地，草

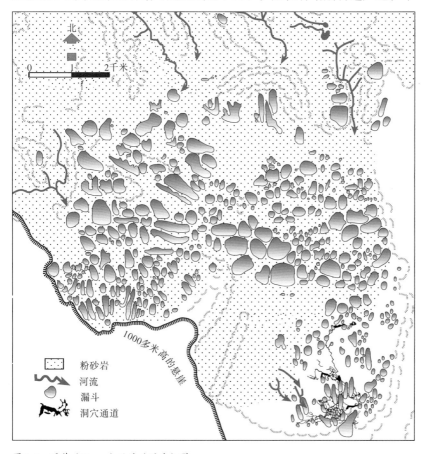

图8-2　玛莫（Mamo）天坑（漏斗）群

坪乡所在漓江西岸的寿崴峰丛区，包气带厚度为400～700米，但几乎没有发育一条具有一定规模的地下河，更没有天坑存在，却发育了极其典型的蜂窝状洼地地貌，其成因可能是始于蜂窝状漏斗或洼地，将地表水迅速向负地形中央汇聚，而后各个漏斗或洼地之间相互竞争，相互缩短地表分水岭到负地形中心的距离（朱学稳等，1988），排泄到地下，久而久之形成蜂窝状的峰丛洼地群。再比如，世界自然遗产地，广西环江喀斯特，西邻大狗河，东接古宾河，北靠贵州高原，地形高差200～700米，在喀斯特区域形成了众多短小的地下河，却很少有大型洞穴系统和天坑（Campion，2009）。同样形成了典型的蜂窝状的峰丛洼地群。

3. 天坑类型对比分析

如前所述，根据天坑的成因，天坑可分为塌陷型天坑和冲蚀型天坑。

从天坑的成因出发，"天坑是地下河溶洞演化到某一阶段的产物"，那么天坑也可以理解为"由溶洞大厅崩塌形成的、四周或大部分周壁陡崖环绕的大型漏斗"。这里强调了天坑的成因是崩塌，其次是形态，形态是为了区分尚未露出地表的地下大厅或退化的天坑。崩塌是天坑形成的必要条件，无论是塌陷型天坑，还是冲蚀型天坑，崩塌在天坑形成过程中不可或缺。

据此，上述10个天坑群中大部分天坑群以单一塌陷型天坑为特征，如乐业大石围天坑群、巴马好龙天坑群、奉节小寨天坑群、平塘打岱河天坑群、武隆天生三桥天坑群、斯洛文尼亚的斯科兹扬天坑群等；而小南海天坑群，巴布亚新几内亚纳卡奈天坑群、玛莫天坑（漏斗）群，马达加斯加安卡拉那天坑群则以冲蚀型天坑为特色，而在地下河（下游）汇流集中区域，由于水动力溶蚀、搬运能力的增强，则可能形成溶洞大厅，直至塌陷型天坑。

二、大石围天坑群价值评价

1. 大石围天坑群的世界性地位

由上述分析和国内外比较，大石围天坑群因以下特点而在世界上居于重要地位。

（1）天坑成群出现，数量最多

大石围天坑群以塌陷型天坑为特色，天坑分布最集中、数量最多，在100平方千米范围内发育有29个天坑，而且在同一地下河流域系统，且绝大部分发育在地下河中游的主流轨迹之上。

（2）天坑保存完整，规模巨大

大石围天坑群共有29个天坑，其中24个天坑保存完整。29个天坑中特大型天坑2个，大型天坑7个；容积大于10兆立方米的天坑有9个，超过50兆立方米的有2个。

（3）天坑演化证据保存完整，演化阶段清晰，堪称范例

大石围天坑群依托的百朗地下河，具有统一的岩溶含水体以及补给、径流、排泄条件和边界条件，为一完整的水文地质单元。大石围天坑群涵盖了中国湿润热带亚热带岩溶地貌的完整系列，包括横向上从边缘坡立谷—峰丛谷地—峰丛洼地—岩溶峡谷的完整岩溶地貌序列，纵向上从地下河到洞穴厅堂，再到天窗、天坑、洼地、谷地、峰丛的分布，生动记录了岩溶地貌演化的序列，而且多层洞穴的分布，生动地反映了当地的新构造运动的特点，是代表地球演化历史的杰出范例，对确定中国岩溶地貌在世界的地位以及对岩溶地貌对比研究具有极其重要的全球性的意义。

天坑的发育经历3个阶段，即地下河阶段、地下大厅崩塌阶段和天坑出露地表阶段。大石围天坑群分布区具有完整的天坑发育各阶段的各种要素与重要现象，大石围天坑群中，白洞天坑、阳光大厅与地下河道

间的关系以及大曹天坑、红玫瑰大厅与地下河道间的关系均可作为天坑发育3个阶段的生动例证。如庞大的百朗地下河系统及其相关的洞穴—地下大厅，地下大厅的巨厚崩塌堆积和地面"冒气洞"，到成熟的大石围天坑、穿洞天坑和黄猄洞天坑等，到刚开始退化的大坨天坑和退化接近洼地的大宴坪天坑，大石围天坑群在表现塌陷型天坑类型的多样性与典型性是世界上独一无二的，不仅代表"进行中的重要地质过程的突出例证"，而且是世界上塌陷型天坑研究的圣地（图8-3）。

　　如同桂林喀斯特之于中国南方喀斯特是皇冠上的"蓝宝石"，大石围天坑群之于世界塌陷型天坑，也是皇冠上的"明珠"。

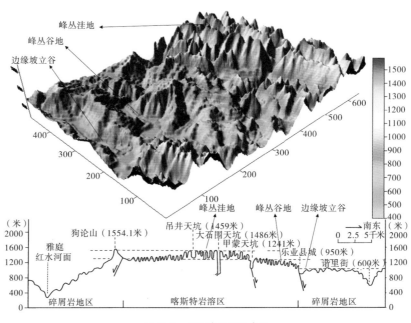

图 8-3　岩溶峰丛演化序列

2. 地学价值

　　第一，大石围天坑群的形成，表明百朗地下河流域内，存在一个作用力强大的岩溶动力系统，亦即物质与能量的输入—输出系统，其主要作用渠道为地下河洞道及其历史上的干洞。百朗地下河流域内天坑群的存在与分布规律，又为研究地下管道水流和地下河道系统的变迁及水道位置的具体迁移提供了依据。

第二，既然塌陷型天坑是地下河活动的产物，那么塌陷型天坑的系统研究，对认识大石围天坑群区域的岩溶含水层性质及地下管道水流的轨迹变迁便有重大意义。如前所述，塌陷型天坑总是发育在地下河河道的主流轨迹上，同一岩溶水文地质系统中，不同规模、不同高程的天坑群，当可被看作是不断变迁的地下河道轨迹在地表的反映。大石围天坑群共有29个天坑，其坑底分布高程为700～1400米，集中分布在百朗地下河系统的中游上部地段。洞穴的探测成果说明，该段地下河道是十分发育的，而且屡屡改道，轨迹变迁十分频繁，并呈多层结构。在现代条件下大石围天坑底部的地下河道水流，在其下游的6千米处，又跌入一深数十米的裂隙状落水洞中。按此趋势，随着地下河道上"裂点"的不断向上游推移，大石围天坑将远离地下河道，并结束其年轻的发展状态。调查还发现，只有在现阶段直接通达地下河道的天坑，坑底标高分布才是规律有序的，如自上游而下游的大曹天坑的坑底标高940米，白洞天坑的坑底标高900米，大石围天坑的坑底标高850米。其余天坑则悉数为崩塌堆积物所填塞，洞穴探险既难以接近原先的地下河道，坑底标高的分布规律亦因崩积物堆积规模的差异而不易查寻。由此可见，天坑与地下河水道之间的关系及其变迁与演化过程的研究，可能会提升人们对岩溶含水层性质及其发展演化过程的认识。

第三，天坑的形成及其发育所达到的深度，既是当地地壳最新上升运动的直接证据，又是上升速率的一项实例记录。大石围天坑群的深入研究对于红水河地区地壳最新抬升性质及速率鉴定，显然具有重要意义。

第四，大石围天坑群可为岩溶作用的定量研究提供一个重要途径，并推进人们对岩溶作用强度和作用速率的新认识。实验还证明，水的运动从层流至紊流状态以及随着流速的提高，溶蚀速率呈高倍数增长。以平均速率80毫米/千年计，假设所在地的排水基准面是绝对静止的，则200万年之后，在仅有雨水直接的溶蚀作用下，一座高出基面160米的石灰岩山体将消失殆尽。在外源水流入区，设基准面不断超值（溶蚀速率）下降，那么100万年之内，将有1000米厚度的石灰岩层被溶蚀掉。若以我国南方地区碳酸盐岩沉积的最大厚度1万米计，多则1亿年，少则200万年之后石灰岩层就会不见其踪影，况且在一个碳酸盐沉积发达地区，其连续沉积厚度在2000～3000米便是相当可观的了，也只能满足最低溶蚀率条件下2000万～3000万年的溶蚀消耗。而在外源水全面作用下，这个时间概念便是200万～300万年，甚至更为短促。

3. 生物学价值

大石围天坑群地区的植物区系属滇黔桂植物区。滇黔桂在中国植物区系区划中处于十分特殊的位置，其区系成分实质上是古热带和泛北极以及泛北极区内中国—喜马拉雅和中国—日本2个森林植物亚区区系的交汇点。另外，大石围天坑群中低海拔（1000～1500米）地区，天坑洞穴的广泛发育，为某些植物的生长、发育提供了特殊的生境条件，因此增加了区内植物区系的丰富性、复杂性和独特性，如群落组成成分特别是表征成分的不连续性，反映了地形差异的微环境区系特点。

乐业大石围天坑群的生物多样性集中体现在天坑生物和天坑周围的野生兰花群落的多样性。天坑群植物群落年龄在200年以上，种系复杂、数量丰富、生态类型分异明显、特有性高，充分显示了植物区系资源的丰富性与多样性。野生兰花群落位于乐业县西北的雅长兰科植物国家级自然保护区，保护区内拥有野生兰科植物44属113种（含5变种），其中全国新记录种1种，广西新记录属1个，广西新记录种15种。

根据调查和统计，保护区内兰科植物物种丰富度达0.51种/千米^2，居广西野生兰科植物主要分布区的首位。调查还发现，在风岩洞林下带叶兜兰分布之广、密度之大、数量之多在全国绝无仅有。保护区内的莎叶兰的居群数量和密度均居世界首位。在风岩洞，不及400平方米范围内，同时分布着3种兜兰，且数量众多，极为罕见。神木天坑中的动物最具特色，其中鸟类品种繁多。此外，林中还有鼯鼠和猫头鹰等野生动物。在大石围天坑群大量的地下河和洞穴中发现有多种珍奇动物，如透明盲鱼金线鲃、中国溪蟹（新种）、张氏幽灵蜘蛛（新种）、盲蛇等。

因此，大石围天坑群为众多的濒危和特有动植物提供了最重要、最适合的自然栖息地。

4. 美学价值

大石围天坑群突出自然美所依赖的对象是独特而壮观的高峰丛深洼地喀斯特、天坑群和特殊生境条件下的天坑植被、洞穴群和洞穴堆积物、大型地下河以及它们相互结合所构成的综合自然面貌。

大石围天坑群具有独特的发育条件：岩溶区呈块状分布，周边为断层分割且有大量外源水流入；在块状岩溶区内地表形成了成熟的湿润热带亚热带峰丛地貌，地下发育了完整的百朗地下河系统，拥有众多无可比拟的岩溶地貌景观。如高峰丛深洼地地貌由连续厚度超过3000米的纯碳酸盐岩组成，群峰层层叠置、远近高低、形态典型。天坑群沿地下河踪迹呈串珠状集中分布，分布类型各异、形态大小不同的天坑，为全球天坑分布最集中的天坑群。大石围天坑群堪称最完美的"天坑博物馆"，在天坑周围发育大量的洞穴和地下河系统，不仅洞道空间宏大，如高365米的冒气洞，中国第三的容积为5.25兆立方米的红玫瑰大厅，还有稀有的洞穴次生化学沉积物景观，如罗妹洞的莲花盆群，分布面积约2000平方米，最大者直径达9.2米，堪为稀世珍品。百朗地下河为广西四大地下河系统之一，有多段可进入的地下空间，地下潭和跌水瀑布相间分布，给人以目不暇接、奇趣横生的自然美享受。此外，天坑底部独特的生态环境保留了动植物多样性，为多种珍稀、濒危物种的栖息地，形成一种奇特的生态美，具有极高的美学价值。

天坑群和天窗群自1998年为媒体报道后，先后有广西电视台、中央电视台、日本广播协会、福建电视台、北京电视台、陕西电视台、台湾东森电视台等为其拍摄专题电视片，充分展示了其美丽风采。在中国甚至在世界范围内，大石围天坑群以其景观的独特性和多样性印证着独特的美。

5. 旅游开发价值

大石围天坑群作为大型岩溶景观，是在漫长的地质历史时期中，经过内外地质营力的协同作用形成的，具有稀有性、典型性和不可再生性的自然遗产属性，是全人类的共同财富。这一属性，决定了天坑具有很高的旅游开发价值。

天坑不仅雄伟壮观，而且组成它的各个要素也多是极为罕见的自然奇迹。天坑的最大深度在600米以上，当前世界上最高大的建筑物也远达不到这一巨大高度。天坑中有着世界上最高的垂直陡崖，大石围西峰的陡崖绝壁高度为569米，可谓是真正的鬼斧神工。在天坑的底部，现代地下河流淌，规模巨大，地下河洞穴长度达6630米。大曹天坑中层洞穴内的红玫瑰大厅长300米，宽200米，高220米，底部面积为58340平方米，容积达5.25兆立方米，为中国第三大的洞穴厅堂。天坑的周壁也往往有已脱离地下水位的干洞穴，如大石围天坑的东洞和西洞，其内的洞穴次生化学沉积物多姿多彩，是重要的旅游资源。

天坑具有自然景观的全部7种审美风格类型。雄伟——天坑以其巨大的规模，四周围合闭的绝壁陡崖，高度达到200多米的溶洞大厅等景观的高大厚重，给人以雄浑、崇高的感受。旷阔——登高远眺，天坑所在的峰丛区，千弄万峰波状起伏连绵数百平方千米，这种旷阔无际、寥廓浩茫的景色使人心旷神怡、宁静致远。秀丽——天坑四壁上顽强地生长于石缝之中的短叶黄杉等造型奇特的乔木，树冠婆娑、婀娜多姿，与雄峙天地间的天坑形成强烈对比；秀丽的花草充满了生机与灵气；地下河中既有湍流，也不乏妩媚平静的缓流和广阔安宁的湖泊，体现出水的阴柔媚秀，这些清秀宜人、和谐平静的秀丽风格，给人以悠闲自得、阴柔优美的审美享受。险峻——在天坑景观中"险"可以说无处不在，天坑四周的绝壁高度为150～500米，无论是俯瞰，或是仰望，都使人惊心动魄，而地下河中的急流漩涡亦令人同样感受到大自然凶险的一面，旅游者从对这类险峻的享受中可以感悟到人类自身力量的顽强和奋斗进取精神的强大。幽深——最好的体验是在黑暗深邃的洞穴和天坑底部人迹罕至的准原始森林中，在心静气爽的审美享受中引发绵长的思绪。奇特——天坑中的奇特自然景观不胜枚举，旅游者只有在欣赏到这些超常的自然之美的时候，才会真正领略大自然造化之神奇。野逸——许多天坑由于周壁过于陡峭，千万年来，鲜少有人涉足，大自然的真实面貌得以较好的保存，显现出一派原始洪荒的浑厚质朴、野趣横生，令人有超凡脱俗之感。

天坑游览的另一个显著特点是有着多种形成强烈对比的景致。例如，从空中或高处鸟瞰天坑，天坑给人的感觉是一个庞大的黑暗幽深的无底深渊；而一旦走进天坑，到达其底部，再仰望天空，则只见一方窄小的蓝天，人在其中可谓是"坐井观天"，而那一方蓝天，却是面积达数万、十几万甚至二十多万平方米的天坑的巨大的开口处。天坑上下部景致的如此强烈的对比，在其他自然景观中是难以寻觅到的。这也构成了天坑在观赏性上的独特魅力。

特殊的生态环境有利于开展生态旅游。蓬勃发展的生态旅游正愈来愈为大众所青睐。具有丰富自然旅游资源的天坑非常适宜于开展生态旅游。天坑多位于峰丛洼地区，地理区位比较偏僻，天坑的原始生态状况虽然或多或少地遭到一定程度的破坏，但是因为天坑四周均为陡崖，不易到达其底部，因此，在这样的天坑的底部常常有珍稀濒危动植物生存。加上天坑的巨大深度，坑口和坑底的温度、湿度、光照条件、土壤等都有较大的差异，从而造成天坑底部特殊的生态环境，表现出异于地表的生物多样性。这些也成为天坑旅游资源的组成部分。大石围天坑底部为一相对独立的生态系统，森林面积为10.5万平方米，属亚热带常绿阔叶准原始林，乔木层以成年期珍稀濒危植物香木莲为主，树高可达30米，成为大石围天坑的标志植物。灌木层以成片分布、高达5～6米的棕竹为主，亦属罕见。连同在天坑四周绝壁上生长的植物，大石围天坑目前已发现有国家一级保护植物掌叶树，国家二级保护植物香木莲、福建柏、金丝索、短叶黄杉，以及属珍稀濒危植物八角莲、火焰花等9种。又如乐业神木天坑，准原始林面积为80万平方米，有400多种植物，并有雀鹰、大杜鹃等10多种鸣禽和国家二级保护动物鼯鼠（俗称飞猫、飞虎）等野生动物。此外在天坑的洞穴和底部地下河中还生长有多种洞穴生物。目前，在乐业大石围天坑地下河中已发现的有金线鲃、中华溪蟹、张氏幽灵蜘蛛等30多种洞穴生物。

综上所述，天坑景观（包括其内的洞穴和生物景观）是游览价值极高的旅游资源，是展开自然观光、生态旅游、科学研究、启智科普、康体健身、攀岩探险等多种精神文化活动的绝佳场所。

第九章

大石围天坑群的保护研究

　　乐业天坑因天坑数量众多、形态类型多样，自发现以来越来越受到人们的关注。因此，在 2004 年，乐业县人民政府投资改善了进入当地的交通道路，帮助当地发展旅游经济。与此同时，乐业县人民政府也依托乐业天坑景观资源，分别在 2004 年和 2010 年申报并建立国家地质公园和世界地质公园，为乐业天坑的发展和保护提供了保障。乐业天坑作为奇特的旅游资源受到投资者的青睐，改善了景区的基础设施，包括建设游客中心、游览道路和观景平台等，但这些建设也为乐业天坑的保护带来了压力。

一、大石围天坑群保护状况

　　大石围天坑群的保护历程可分为2个阶段：前期自然保护阶段和保护管理体系建立之后的有序保护阶段。1998年以前，乐业县的旅游业几乎是空白，到乐业旅游的游客一直很少，更谈不上对旅游资源的开发利用。1998年以后，由于国内外各新闻媒体对大石围天坑群的宣传报道，人们逐渐注意和了解乐业县有大石围天坑群这个世界级旅游景观产品，到乐业进行旅游、探险和科考活动的人数逐渐增加。当地政府逐步申报并建立了地区、国家乃至世界认定的保护区域，受到了国家法律法规和世界相应保护区域管理办法的约束，同时成立了相应的政府管理机构，标志着乐业大石围天坑群的保护进入了有序保护阶段。

1. 自然保护阶段

　　自有人类活动以来，大石围天坑群被发现之前的很长一段时期，基本处于自然保护阶段。一方面由于天坑的自然属性，四周陡壁环绕，对天坑进行干扰的人类活动受到限制，大石围天坑群主要得到自然性保护，也就是说大部分天坑群处于原始的封存状态；另一方面由于天坑群区域的居民，出于保护生存环境、耕作环境、水源环境、风水林等各种不同目的的需要，对其周边的自然环境出于本能地自发性保护。正是当地居民这种代代相传的自发保护意识，加上大石围天坑群所在地区位置偏远，交通不便，人为影响相对较小，使大石围天坑群区域许多珍贵、典型的地质遗迹、地质环境和生态环境得以保存下来。但是，随着经济社会的发展，居民对土地、林木、石材的需求增加，相关建设活动影响了当地的地质环境和生态环境。

2. 有序保护阶段

　　由于大石围天坑群优质的地质遗迹资源和生物多样性资源，大石围天坑群区域相继建立了不同级别、不同属性的自然保护地。特别是大石围天坑群在国家地质公园建立后和世界地质公园申报建立的较短时期，基本处于良好的有序保护阶段，如建园之初，地质公园管理局不断对公园进行边界勘查，对园区各类地质遗迹和生物多样性景观进行科学调查和研究，基本弄清了各地质遗迹和生物（尤其植被）类型、数量、规模、发育（生长）程度，或风化（变化）程度，为全面保护园区内地质遗迹和生物多样性提供了有力的科学数据保障；同时，根据保护地的需要，制定了系列管理和保护条例，为园区地质景观与生态环境可持续保护提供了制度保障。随着国家政策的调整，居民环保意识的增强，各级政府和当地居民不仅认识到旅游能促进地方经济发展，而且认识到保护地质遗迹和生物资源的重要性，相关条例和措施的实施也得到当地居民的支持。

目前大石围天坑群形成了自联合国教科文组织、国家林业和草原局、广西壮族自治区国土资源厅至乐业县地质公园管理局的四级管理体系。

联合国教科文组织主要负责每4年1次对乐业—凤山世界地质公园进行评估，评估内容包括地质景观的调查与研究、地质遗迹保护战略及其与自然和文化遗产的关系、管理机构及其经营状况、地质公园的展示与环境科普教育、地质旅游和可持续区域经济发展等方面，根据评估结果由地质公园执行局决定其是否能继续享有联合国教科文组织世界地质公园成员的资格。

国家层面的负责部门为中华人民共和国自然资源部国家林业和草原局，主要负责指导乐业—凤山世界地质公园地质遗迹的保护和对地质公园的管理进行监督。

省（自治区）级层面的负责单位为广西壮族自治区国土资源厅，主要负责指导地质遗迹保护经费下达、保护项目的实施和验收。

但是，由于管理和开发主体责任者不同，前者为乐业县地质公园管理局，后者为广西乐业大石围旅游发展有限公司，而且乐业县旅游发展委员会也涉及对大石围的管理，以大石围天坑群景区为例，其涉及多个管理部门职责和利益，存在管理职权不够清晰、管理职能不到位、机构之间协调不足等问题，导致保护与开发之间的矛盾日益凸显，加上园区管理局专业技术人才的缺乏和管理能力不足，缺失对重要地质遗迹景观开发造成破坏的有效监督和治理，其损失将影响深远。

二、大石围天坑群面临的威胁

自2002年举行大规模的探险考察以来，大石围天坑群区域受到人类干扰活动逐渐增加，对其原生态的影响也越来越大，尤其是当权利受到利益的绑架，其干扰就变成了大石围天坑群保护的重要威胁。

大石围天坑群在地学价值、美学价值和生物多样性保护管理方面面临的问题和威胁可分为自然因素和人类活动影响两大类，自然因素大多属于岩溶发育演化过程中的影响，如地球内力释放以及自然气候变化造成的崩塌、滑坡、森林火灾等；人类活动影响包括工程建设活动、旅游活动、社区生活以及传统农耕活动等。对影响大石围天坑群价值威胁因素的分析，尤其要关注人类活动造成的大石围天坑群价值的降低和破坏。

一方面，保护区的建立及退耕还林政策的实行，解决了石漠化等环境问题；另一方面，旅游业的发展，尤其是无章法的旅游基础设施的建设，使部分地质遗迹遭到了永久性的破坏，也包括对生物物种的威胁。随着乐业县旅游资源的进一步开发和交通设施条件的改善而增加的游客量也会加重生态环境的承载。大石围天坑群处于大石山生态环境中，地质公园建立之后，石漠化程度有所缓解，但因遭遇数次森林大火，天坑群生态环境的自然修复非常缓慢。尤其是大石围玻璃栈道工程的建设，导致大石围这个世界级地质遗产遭到严重威胁，其西峰北侧植被遭到毁灭性摧残；而白洞天坑的电梯工程则彻底打破了天坑原有的封闭状态，天坑底部的生态环境系统受到极大的影响。重要旅游景点的垃圾和农业点源、面源的污染物对于溶洞和地下河水体环境和生物生存也带来了威胁，罗妹洞地下河入口、罗妹洞出口、经陇洋至牛坪的地下河天窗、下岗至牛坪地下河入口一带，随处可见无序旅游和居民生活留下的垃圾。

对于大石围天坑群区域来说，地质遗迹保护和生态环境所面临的威胁因素既有共性方面，也存在个性差异。共性威胁因素主要体现在以下几个方面。

1. 工程建设和旅游活动

人类活动影响因素主要有旅游开发过程中的工程建设活动和旅游活动本身。大石围天坑群的基础设施建设，如游客中心（图9-1）、游览道路、观景台（悬空玻璃平台）、电梯、信号塔等都给天坑景观造成了一定程度的视觉污染。旅游设施的建设和旅游活动的开展给大石围地学价值和美学价值的保护带来挑战，包括旅游设施选址、建筑体量、不协调的色彩格调，以及景点游客瞬时性超载等。目前，大石围天坑群区域旅游开发建设活动未得到有效管控和监督，具体体现在西峰玻璃观景台的建设，使得天坑的原生态遭到恶意破坏，导致对原有生态环境和地质地貌系统的扰动和严重的视觉污染，大大损害了大石围天坑的科学价值和美学价值。尤其是无人机时代的到来，从天坑俯瞰，再也无法重现大石围的原始风光，大石围天坑可持续保护和旅游发展受到挑战。白洞天坑内的电梯，及其由此延伸的服务设施和道路，对原有岩溶景观的协调性产生干扰，也使得天坑周围的原始环境遭到了损毁，这些都对大石围天坑群的突出价值及其完整性产生负面影响。

图9-1　大石围游客中心

2. 水体污染

百朗地下河有16条支流入口（易芳，1998），这些入口附近的社区生活、旅游业活动和农业生产都可能对地下水体造成污染，对正在进行的岩溶作用过程和地下河生物构成威胁。随着基础设施的改善和大石围天坑群的对外开放，乐业县经济得到发展，包括公路、城镇和大石围天坑群地质公园的大规模建设，使得百朗地下河流域内水体中钙离子含量增加；化石燃料的燃烧、垃圾焚烧、农业杀虫剂的使用以及上游地下河入口水流输送等都可能造成水体中汞含量的增加；流域内使用含镉电池、含镉颜料和施用含镉化肥可能增加了地下河的镉含量。目前，百朗地下河的表层水中有19种有机氯农药，上游段（污染源区）有机氯农药含量高，中游段降低，下游出口再次升高（孔祥胜，2013）。上游人类活动是导致水体污染的主要因素。

3. 自然灾害

（1）崩塌

大石围天坑群区域以岩溶地质遗迹为主，这些地质遗迹周围多为裸露的岩石，且地质遗迹周边（围岩、坑壁、绝壁、洞壁等）断裂、褶皱、裂隙、节理等十分发育，本身具有不稳定性的特征，加上长期的风化作用和极端气候（强降水、冰灾）影响，会产生岩层的局部自然脱落、崩塌、滑移、塌方等现象，可能造成较大的地质灾害。

（2）森林火灾和旱灾

偶发性的自然火灾和虫灾等自然灾害对珍稀濒危植物群落的保护造成潜在威胁。大石围天坑群区域的气候具有典型的干湿季特征，旱季荒山草坡极易招致火灾。出于自然和人为的原因，森林植被曾在一段时期内受到了较大程度的破坏。在建立保护区之前，大石围天坑群区域的雅长林场，林区年均发生森林火灾20次，年均受害森林面积达2000多公顷（祝光耀，1997）。而建立保护区之后也未能杜绝火灾的发生，如2009

年8月至2010年3月，广西乐业遇到前所未有的旱灾，持续干旱7个月，2010年2月25日，引发了大面积的森林火灾，过火面积达600多公顷，损失惨重。2014年1月15日，一村民为了使牧场的草长得更好，放火烧山，共烧毁大石围区域山林面积17公顷。同时由于岩溶地区土壤贫瘠，保水能力差，干旱和石漠化使得森林植被生态系统的恢复周期延长；而且全球气候变化加剧了这些灾害发生的可能性。

4. 生物资源面临的威胁因素

大石围天坑群区域过度的探险活动、旅游活动和生产活动，为外来物种的入侵提供了便利条件，对天坑植被的原生态环境造成了一定威胁。乐业大石围天坑群地区陆续发现一些外来入侵物种和种植外来物种，如紫茎泽兰（*Euatonium adenophornium*）、飞机草（*Eupatorium odoratum*）、水葫芦（*Eichhornia crassipes*）、胜红蓟（*Ageratum conyzoides*）、桉树（*Eucalyptus robusta*）、台湾相思树（*Acacia confusa*）等；最为严重的外来入侵物种是紫茎泽兰，如在大石围天坑的东峰和西峰、穿洞天坑的坑底、黄猄洞天坑入口、黄猄洞天坑周围均长有紫茎泽兰。此外，人工种植的转基因玉米也是区内主要的外来物种。这些外来物种对大石围地区的生态环境、生物多样性、农牧业和自然景观均造成一定危害。旅游活动也会干扰野生动物的正常生长。

5. 保护意识与管理建设

大石围天坑群周边的社区居民，甚至大石围景区开发者对大石围天坑群的科学价值和世界性地位认识不足，保护意识有待提高。因此，大石围天坑群区域居民和景区开发者未能参与到地质遗迹保护、旅游规划和发展的决策中来，则在一定程度上不利于地质遗迹资源保护和旅游事业发展。

三、大石围天坑群的保护措施

1. 建立法定保护区

（1）地质公园的建设

2005年4月，大石围地区被原国土资源部批准建立国家地质公园；2007年，被原国家旅游局批准建立国家AAAA级旅游景区；2010年10月，成为世界地质公园网络成员。大石围天坑群戴上了"紧箍咒"——《风景名胜区管理条例》《地质遗迹保护管理规定》《世界地质公园网络工作指南》等法律法规。此外，主要景区的部分地段建有栏栅，植被由此得到维护。同时各种相关管理和保护条例相继出台，为大石围天坑群地质遗迹景观与环境保护提供法规保障。

当地政府及管理部门通过国家地质公园和世界地质公园申报建设等举措，加大对地质遗迹和生态环境保护的资金投入和保护力度，使园区地质遗迹的保护工作更加科学合理，并由此进入一个崭新的发展阶段，使地质公园成为高保护性的范例。

按世界地质公园中地质遗迹的典型性和重要性，将地质公园园区划分为四级保护区：核心保护区（点）、一级保护区（点）、二级保护区（点）、三级保护区。同时根据天坑群的典型性和重要性，大石围天坑群、黄猄洞天坑和穿洞天坑区域基本处于核心保护区、一级保护区和二级保护区。各级保护区及其主要保护对象、范围和内容等，则分散分布于园内各地质遗迹发育区（表9-1）。

（2）广西雅长兰科植物国家级自然保护区

2005年4月，雅长林场将野生兰科植物分布比较集中的区域规划并建设成为全国第一处以兰科植物为主要保护对象的广西雅长兰科植物自治区级自然保护区；2006年1月，原国家科学技术部立项建设全国第一个国家级野生兰科植物种质基因库——雅长野生兰科植物种质基因库；2008年，雅长林区所在的乐业县被中国野生植物保护协会授予"中国兰花之乡"荣誉称号；2009年，雅长兰科植物自然保护区被国务院批准晋升为国家级自然保护区，即广西雅长兰科植物国家级自然保护区，是我国第一个以兰科植物为保护对象的国家级自然保护区。

表9-1　乐业—凤山世界地质公园天坑群区域各级保护区及其主要保护内容

景区	保护区	面积（平方千米）	主要保护对象	主要保护内容和范围
大石围景区	核心区	0.75	大石围天坑	大石围天坑、坑底植被、周边峰丛洼地等
	一级区	1.435	大坨天坑	大坨天坑、周边峰丛洼地等
		1.135	白洞天坑和神木天坑	白洞天坑、神木天坑、冒气洞、坑底植被、周边峰丛洼地等
		0.41	苏家天坑	罗家天坑、苏家天坑、坑底植被、周边峰丛洼地等
	二级区	9.18	其他天坑，如燕子天坑等	天坑、坑底植被、周边峰丛洼地等
		2.19	五台山	五台山及其周边生态地质环境
穿洞景区	一级区	0.423	穿洞天坑	穿洞天坑、坑底植被、周边峰丛洼地等
		0.473	大曹天坑	大曹天坑、坑底红玫瑰大厅、周边峰丛洼地等
	二级区	9.07	熊家洞	洞穴、洞穴沉积物及周边峰丛洼地等
			其他天坑，如甲蒙天坑等	各天坑及其周边生态地质环境
		0.62	火卖洼地	洼地及其周边生态地质环境
黄狼洞景区	核心区	0.413	黄狼洞天坑	黄狼洞天坑、坑底植被、周边奇花异草及各峰丛洼地等
	一级区	0.562	黄狼洞天坑周边峰丛	高峰丛深洼地及相关地质景观和生态地质环境
		0.373	大熊猫化石洞	洞穴及洞内各类化石标本
	二级区	4.49	黄狼洞天坑外围森林	高峰丛深洼地、森林发育区、野生兰花繁殖地等
		0.632	其他天坑，如蓝家湾天坑等	天坑及其周边生态地质环境

我国十分重视野生兰科植物资源的保护，采取多种多样的保护措施，并取得了较大的成就。2010年，广西把兰科植物所有野生种类列入《广西壮族自治区重点保护植物名录（第一批）》。这些政策、法规和措施的实施，使雅长野生兰科植物的保护有法可依，对该地区野生资源的保护和培育具有深远的影响。

广西雅长林区野生兰科植物资源丰富，几乎每座山头都有兰科植物的分布，但其种类与居群基株数量等分布不均匀，且不连续，呈现出破碎化现象，其中面积较大的局部密集分布区有16处。根据野生兰科植物的资源现状及生物生态学特性，针对目前兰科植物保育存在的问题，人畜干扰及自然条件变化等不利因素，从兰科植物维护机制角度出发，保护区对雅长林区野生兰科植物的保护采取地保护为主、迁地保育为辅的保育措施与策略。保护区应加快建设步伐，构建野生兰科植物种质资源基因库，同时对密集分布区在人畜干扰大的区域，优先拉设铁丝网围护，并派专人巡护，重点保护，确保野生兰科植物及基因库安全。

2. 法律法规保障

乐业大石围天坑群大部分地区为地区、国家或世界认定的保护区域。2002年12月，原国家林业局批准建立黄猄洞天坑国家森林公园；2004年3月，原国土资源部批准建立乐业大石围天坑群国家地质公园；2009年9月，国务院批准成立雅长兰科植物国家级自然保护区；2010年10月，联合国教科文组织批准成立乐业—凤山世界地质公园。

因此，大石围地区相应地依法受到国家和地方有关法律法规的保护。同时，大石围天坑群地区的地质公园的开发建设和规划受到了《国家地质公园总体规划工作指南》《世界地质公园网络工作指南》《中国国家地质公园建设指南》的规范和管理。

乐业县各级政府的相应管理部门根据大石围地区的具体情况和旅游发展需要，逐步建立健全景区管理的法规体系；同时，政府加大政策引导力度，加强旅游法规、规章制度的执行力度，切实做到旅游行政管理部门依法行政，旅游经营者依法经营，实现依法治理。

3. 合理规划

为了充分发挥大石围天坑群所具有的世界性的旅游资源优势，科学、合理、适度、有序地开发大石围天坑峰丛景区，指导景区的资源保护、开发建设和经营管理，促进景区的可持续发展，根据有关法律法规、技术规范和相关指南，特编制一系列的规划。2001年，广西壮族自治区旅游规划设计院和西安市市政设计研究院联合编制了《大石围旅游区旅游开发预生态环境保护规划》；2009年，广西壮族自治区区域地质调查研究院编制了《广西乐业大石围天坑群国家地质公园规划》；2011年，中国地质科学院岩溶地质研究所编制了《广西·乐业大石围天坑群保护和管理规划》；2013年，广西博驰规划设计有限公司编制了《广西乐业大石围天坑峰丛景区详细规划》；2017年，桂林桂旅旅游规划设计研究院编制了《中国乐业—凤山世界地质公园总体规划说明书（2017—2030年）》等。大石围地区的建设开发秉持规划先行，保护第一的原则，形成了一系列合理、可行、实用的规划指导方案。

4. 管理机构保障

大石围天坑群区域是国家地质公园、国家级自然保护区、国家AAAA级旅游景区、国家森林公园、世界地质公园等多层次、多类型的重要保护区域。根据不同级别职能管理的要求，大石围地区建立了高效的管理机构，形成了现代化的管理体制。大石围天坑群区域的景区管理和经营采取政企分开的形式。大石围地区管理机构健全，人员配置合理，资金来源有保证。在国家自然资源部、广西壮族自治区国土资源部厅、广西壮族自治区住房和城乡建设厅、广西壮族自治区林业局、乐业县人民政府等相关机构的管理下，成立了乐业县国家、世界地质公园管理委员会，下设综合办公室、旅游管理科、科普教育科、保护执法队和开发研究院，分工负责、互相配合，各项工作步入规范化、法制化轨道。

同时，大石围景区建立机构健全、职能明确、层次分明的旅游管理体制，确保景区旅游业在健康有序的轨道上发展，成立广西乐业大石围旅游发展有限公司，具体负责景区的开发建设和经营管理。公司下设具有制定旅游业发展战略、政策措施，统一指导旅游设施布局、设计和建设工作等职能的旅游决策部门，以有组织、有成效开发旅游资源，改善旅游基础设施，完善旅游法规制度为主要职能的旅游管理部门，负责开发旅游产品、参与旅游促销活动、向社会公众宣传旅游的经济社会意义的旅游推广部门，形成了具有一定管理规范的景区建设与经营管理机构。

5. 人才队伍的建立

大石围景区的管理和建设本应引进更多专业人才，以加强对职工的教育和培训，无奈地处偏远，交通不便，导致人才引进困难。因此，将来很长一段时间，大石围天坑群的开发建设和旅游管理，在很大程度上依赖于旅游人才、管理人才和科研技术力量。大石围天坑群区域成为国家地质公园、世界地质公园之前，中国地质科学院岩溶地质研究所和广西壮族自治区区域地质调查研究院的工作人员对天坑区域的地质、构造、地质遗迹、生物资源等进行了详细的调查。乐业县国土资源局在参与基础调查工作中也培养了一批管理人员，培训其对地质遗迹、地质公园和生物景观的认识和保护意识，为后续地质公园的管理奠定了基础。短期规划，景区应优先培养专职导游、服务人员等一线操作人员，突出引进优秀的景区管理和企业经营人才，初步建立一支业务技能熟练、管理水平高的旅游企业人才队伍；中期规划，景区应加大对管理和地质环境人才的培养和引进力度，建立一支既有管理理论又有管理实践经验、掌握现代企业管理知识、富有开拓创新精神的旅游管理队伍；长期规划，景区应完善各种培训机制和用人制度，建立一支多层次的、结构优化的旅游人才队伍。

6. 积极的风险应对政策和实时的监控

为了更好地研究乐业大石围天坑群区域岩溶地貌完整性、生态环境、生物物种、社会经济、人口、地质灾害、林木砍伐、游客数量、土地利用类型等的动态变化过程等，及时发现问题，解决问题，以期更好地保护大石围天坑群的突出世界价值，乐业大石围天坑群区域建立了相应监测指标，定期或不定期进行监测核查，适时监控，及时解决问题。当地管理部门，如乐业—凤山世界地质公园管理委员会、大石围天坑群国家地质公园管理委员会和乐业县国土资源局、乐业县旅游发展委员会制定了应对自然灾害、火灾、交通事故、人为破坏等突发事件的应急预案，组建了资源保护的专职队伍，进行灾害防范意识与措施的培训；与广西地质灾害预报预警中心实时连线，定期进行地质遗迹、地质—生态环境巡查，对潜在地质灾害进行全面的地质勘查和危害程度的分级评估，并采取相应的处理措施；国家森林公园定期进行森林病虫害防治与生态保护，避免水土流失、石漠化等自然灾害的发生。通过定期关闭或其他措施，减少人类活动对珍稀岩溶景观和生态系统的影响。同时，大石围天坑群核心景区全面实施退耕还林工程，加大封山育林和植树造林的工作力度。

7. 良好的建设理念和推广政策

制定旅游发展优惠政策，营造良好的发展环境，完善景区发展规划，精心设计重点旅游开发项目，推动景区开发建设。针对大石围天坑群及县域其他旅游景区的开发建设制定切实可行的优惠政策，在景区管理、项目用地、金融贷款、财政税收方面予以重点扶持和协调帮助，鼓励对旅游景点进行成片开发和建设旅游基础设施，坚持谁投资、谁受益的原则，提高投资商的旅游开发积极性，推动景区深入开发建设。

增加政府引导性资金投入，营造旅游发展良好环境。形成全面、系统支持旅游发展的宏观政策和各项具体办法，增加旅游项目专项资金和旅游促销经费等前期资金的政府投入，重视政府的主导作用，加大政府对旅游业的导向性投入。

坚持社会、环境、经济效益相结合的原则，建立有效的投入—产出机制，深化投资体制创新，转变投资管理方式，建立旅游发展投资基金管理体制。

8. 社区参与

社区居民是乐业大石围天坑群的重要组成部分。居民生活是与环境息息相关的，与大石围天坑群的保护效果更是密不可分。随着各类保护地域如国家AAAA级旅游景区、自然保护区、地质公园的建立，社区居民的参与度得到提高，行政执法力度和宣传力度的加强，农民群众的生态意识将会不断提高，在森林和动植物资源管护方面逐渐呈现了由被动参与管护转为主动参与管护的可喜局面，为大石围天坑群管理规划的实施提供社区参与保障。

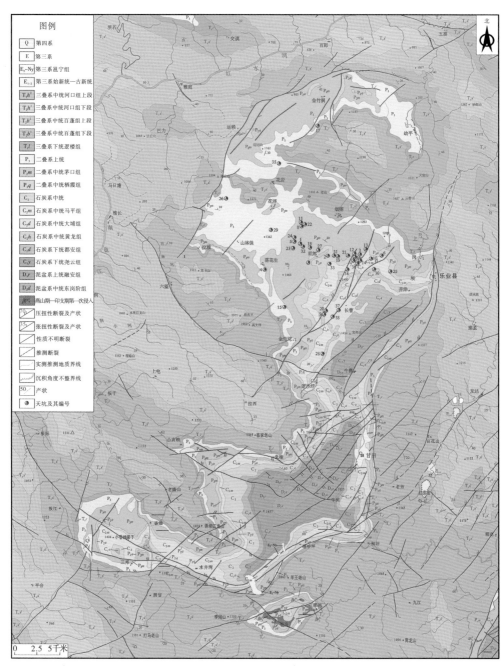

图例

Q	第四系
E	第三系
E₂-Ny	第三系邕宁组
E₁₋₂	第三系始新统—古新统
T₂h²	三叠系中统河口组上段
T₂h¹	三叠系中统河口组下段
T₂b²	三叠系中统百蓬组上段
T₂b¹	三叠系中统百蓬组下段
T₁l	三叠系下统逻楼组
P₃	二叠系上统
P₂m	二叠系中统茅口组
P₂q	二叠系中统栖霞组
C₃	石炭系中统
C₂m	石炭系中统马平组
C₂d	石炭系中统大埔组
C₂h	石炭系中统黄龙组
C₁d	石炭系下统郡安组
C₁y	石炭系下统尧云组
D₃y	泥盆系上统融安组
D₂d	泥盆系中统东岗阶组
γ5₁	燕山期—印支期第一次侵入
⤢	压扭性断裂及产状
⤡	张扭性断裂及产状
⟋	性质不明断裂
⟋	推测断裂
⟋	实测推测地质界线
⟋	沉积角度不整合界线
50°	产状
◉	天坑及其编号

附图1：区域地质图

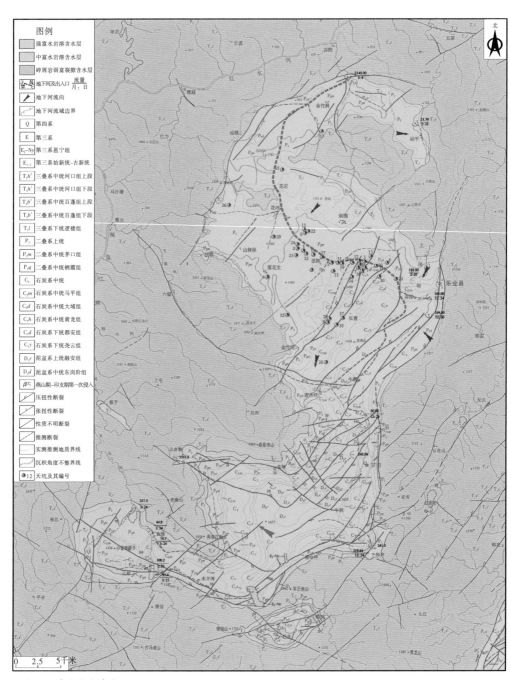

图例

	强富水岩溶含水层
	中富水岩溶含水层
	碎屑岩裂隙富含水层
	地下河及出入口 流量 月:日
	地下河流向
	地下河流域边界
Q	第四系
E	第三系
E_2-Ny	第三系邕宁组
E_{1-2}	第三系始新统-古新统
T_2h^2	三叠系中统河口组上段
T_2h^1	三叠系中统河口组下段
T_2b^2	三叠系中统百蓬组上段
T_2b^1	三叠系中统百蓬组下段
T_1l	三叠系下统逻楼组
P_3	二叠系上统
P_2m	二叠系中统茅口组
P_2q	二叠系中统栖霞组
C_3	石炭系中统
C_2m	石炭系中统马平组
C_2d	石炭系中统大埔组
C_2h	石炭系中统黄龙组
C_1d	石炭系下统郡安组
C_1y	石炭系下统尧云组
D_3r	泥盆系上统融安组
D_2t	泥盆系中统东岗阶组
$\beta\mu_5^1$	燕山期-印支期第一次侵入
	压扭性断裂
	张扭性断裂
	性质不明断裂
	推测断裂
	实测推测地质界线
	沉积角度不整合界线
12	天坑及其编号

0 2.5 5千米

附图2：区域水文地质图

参考文献

［1］广西壮族自治区地质矿产局.广西1∶20万乐业幅地质图及说明书［Z］.
1978.

［2］广西壮族自治区地质矿产局.广西1∶20万田林幅地质图及说明书［Z］.
1978.

［3］广西壮族自治区地质矿产局.广西1∶20万乐业幅水文地质普查报告［R］.1982.

［4］广西壮族自治区地质矿产局.广西1∶20万田林幅水文地质普查报告［R］.1980.

［5］柏瑾，周游游，王伟.基于模糊综合评判的大石围天坑群生态旅游形象定
位［J］.中国岩溶，2010，29（1）：93-97.

［6］陈洪德，曾允孚.右江沉积盆地的性质及演化讨论［J］.岩相古地理，
1990，1（1）：29-37.

［7］陈清敏，张丽，王喆，等.汉中大佛洞宇宙成因核素$^{26}Al/^{10}Be$埋藏年龄
［J］.地球环境学报，2018，9（1）：38-44.

［8］陈伟海，朱德浩，朱学稳，等.奉节天坑地缝岩溶景观及世界自然遗产价
值研究［M］.北京：地质出版社，2003.

［9］陈伟海，朱德浩，黄保健，等.重庆武隆岩溶地质公园地质遗迹特征、形
成与评价［M］.北京：地质出版社，2004.

［10］陈文俊.地苏岩溶地下河系研究［J］.中国岩溶，1988，7（3）：223-
228.

［11］陈梧生.世界奇观乐业天坑群［M］.南宁：广西人民出版社，2002.

［12］陈新军，熊春玲.广西雅长兰科植物国家级自然保护区兰科植物生境恢复
优化的探索［J］.内蒙古林业调查设计，2016，39（5）：69-71.

［13］陈元壮，吴明荣，刘洛夫，等.广西百色盆地古近系始新统沉积相特征及
演化［J］.古地理学报.2004，6（4）：419-433.

［14］陈祚伶，丁仲礼.古新世—始新世极热事件研究进展［J］.第四纪研究，2011，31（6）：937-950.

［15］崔俊涛.广西乐业天坑特色旅游资源开发与保护［J］.襄樊学院学报，2006，27（6）：44-48.

［16］崔之久，高全洲，刘耕年，等.夷平面、古岩溶与青藏高原隆升［J］.中国科学（地球科学），1996（4）：378-384.

［17］邓亚东，陈伟海，张远海，等.乐业—凤山世界地质公园岩溶地貌景观特征与价值分析［J］.中国岩溶，2012，31（3）：303-309.

［18］丁锦惠.鄂西高原地文期辩析［J］.中国岩溶，1987，6（3）：255-262.

［19］高锦伟，谢国文，林志纲，等.广西乐业县掌叶木种群动态研究［J］.广东农业科学，2015，42（18）：43-48.

［20］苟汉成.滇黔桂地区中、上三叠统浊积岩形成的构造背景及物源区的初步研究［J］.沉积学报，1985，3（4）：95-105.

［21］方忱，刘金凤.NPO参与与旅游业和持续发展问题的探讨——以广西乐业县为例［J］.襄樊学院院报，2011，32（11）：77-80.

［22］冯昌林，邓振海，蔡道雄，等.广西雅长林区野生兰科植物资源现状与保护策略［J］.植物科学学报，2012，30（3）：285-292.

［23］简王华.乐业大石围天坑溶洞群旅游资源特征及其综合生态开发［J］.世界地理研究，2002，11（2）：80-87.

［24］和太平，文祥凤，张国革，等.广西大石围天坑群风景旅游区野生观赏植物及其构景分析［J］.广西农业生物科学，2004，23（2）：159-163.

［25］和太平，文祥凤，张国革，等.广西雅长自然保护区兰科植物区系分析［J］.广西农业生物科学，2007，26（3）：215-221.

［26］候中建，陈洪德，川景存，等.右江盆地海相泥盆系—中三叠统层序界面成因类型与盆地演化［J］.沉积学报，2000，18（2）：205-209.

［27］黄保健.广西乐业天坑群等重点旅游资源调查评价及初步规划［R］.中国地质科学院岩溶地质研究所，2001.

［28］黄保健.广西乐业县旅游资源调查评价暨大石围等重点旅游资源初步设计［R］.中国地质科学院岩溶地质研究所，2002.

［29］黄保健，蔡五田，薛跃规，等.广西大石围天坑群旅游资源研究［J］.地理与地理信息科学，2004，20（1）：109-112.

［30］黄承标，陈俊连，冯昌林，等.雅长兰科植物自然保护区气候垂直分布特征［J］.西北林学院学报，2008，23（5）：39-43.

［31］黄珂，薛跃规，苏仕林.大石围天坑群区樱花植物资源的调查［J］.安徽农学通报，2011，17（23）：55-57.

［32］黄珂，苏仕林.大石围天坑群区蕨类植物资源调查与分析［J］.安徽农学通报，2015，21（19），74-80.

［33］黄亮，韦荣光.乐业县大石围天坑百朗地下河水文测验经验探讨［J］.湖南水利水电，2013（4）：42-44.

［34］孔祥胜，祁士华，Oramah I T，等.广西百朗地下河水和沉积物中有机氯农药的分布特征［J］.中国岩溶，2010，29（4）：363-372.

［35］孔祥胜，祁士华，孙骞，等.广西大石围天坑中多环芳烃的大气传输与分异［J］.环境科学，2012，33（12）：4212-4219.

［36］孔祥胜，祁士华，黄保健，等.大石围天坑群土壤中有机氯农药的分布与富集特征［J］.地球化学，2012，41（2）：188-196.

［37］孔祥胜，祁士华，黄保健，等.广西乐业大石围天坑群多环芳烃的干湿沉

降［J］.环境科学，2012，33（3）：746-753.

［38］孔祥胜，祁士华，黄保健，等.广西大石围天坑群有机氯农药的大气干湿
　　　沉降［J］.环境科学与技术，2013，36（3）：42-49.

［39］邝国敦，吴浩若.桂西晚古生代深水相地层［J］.地质科学，2002，
　　　37（2）：152-164.

［40］李国芬.广西岩溶水文地质特征及其资源［J］.中国岩溶，1996，
　　　15（3）：253-258.

［41］李学珍，牛长缨，焦忠久，等.广西雅长自然保护区洞穴动物调查［J］.
　　　生物多样性，2008，16（2）：185-190.

［42］李如友.地质公园旅游产品开发研究——以广西乐业大石围天坑群国家地
　　　质公园为例［J］.安徽农业科学，2009，37（9）：4207-4209.

［43］李世琢，武绍勇，李朝历，等.大石围天坑宇生^{36}Cl深度分布［J］.中国
　　　原子能科学研究院年报，2009（1）：279-280.

［44］李振柏，廖忠直，张继淹，等.广西乐业大石围天坑群国家地质公园申报
　　　系列报告（内部资料）［R］.广西区域地质调查研究院，2003.

［45］李振柏，黄宜燕.乐业大石围天坑洞穴堆积物孢粉组成特征及天坑形成时
　　　代探讨［J］.科技与企业，2013（14）：155-156.

［46］刘靖南，刘丽娟，莫再美，等.广西乐业天坑户外运动探析［J］.山西师
　　　大体育学院学报，2011，26（1）：50-54.

［47］刘杰，李坡，吴光梅.贵州省平塘县打岱河天坑群的发育特征［J］.贵州科
　　　学，2012，30（3）：27-31.

［48］刘金荣.广西热带岩溶地貌发育历史及序次探讨［J］.中国岩溶，1997，
　　　16（4）：332-345.

［49］刘金荣，黄国彬，黄学灵，等.广西区域热带岩溶地貌不同类型的演化浅议［J］.中国岩溶，2001，20（4）：247-252.

［50］刘金荣.再论广西桂西、桂西北高峰丛热带岩溶发育历史［J］.中国岩溶，2003，22（3）：290-295.

［51］刘金荣，张继淹，梁耀成，等.乐业县大石围天坑群洞穴新近纪堆积的孢粉组成特征及相关问题的探讨［J］.中国岩溶，2004，23（3）：239-245.

［52］刘再华.流动CO_2-H_2O系统中方解石溶解、沉积的速度控制机理［M］.桂林：广西师范大学出版社，1997.

［53］刘晓东.青藏高原隆升对亚洲季风—干旱环境演化的影响［J］.科学通报，2013，58（z2）：2906-2919.

［54］罗乾周，任娟刚，唐力，等.汉中天坑群的发现及其科学价值［C］//中国土木工程学会桥梁及结构工程分会.第二十二届全国洞穴学术会议论文集，2016.

［55］陆钧，陈木宏.新生代主要全球气候事件研究进展［J］.热带海洋学报，2006，25（6）：72-79.

［56］马艺芳.对创立百色大石围天坑群旅游品牌的探讨［J］.广西师范大学学报（哲学社会科学版），2004，40（3）：143-147.

［57］孟齐，沈洪涛，毛立强，等.用加速器质谱技术测定广西乐业天坑的暴露年龄［J］.广西师范大学学报（自然科学版），2017，35（1）：16-20.

［58］蒙可泉，林中衍，李建新.广西黄猄洞天坑国家森林公园的风景资源分析与评价［J］.广西科学院学报，2004，20（3）：182-185.

［59］彭发胜.大型户外体育赛事对百色乐业县旅游业的影响研究——以中国•百

色乐业国际山地户外运动挑战赛为例［D］.南宁：广西师范学院，2011.

［60］彭惠军，姜华.广西乐业大石围岩溶天坑群生态旅游开发研究［J］.广西农学报，2006，22（4）：32-34.

［61］秦建华，吴应林，颜仰基，等.南盘江盆地海西—印支期沉积构造演化［J］.地质学报，1996，70（2）：99-106.

［62］覃建雄，陈洪德，田景春，等.右江盆地层序充填序列与古特提斯海再造［J］.地球学报，2000，21（1）：62-70.

［63］秦炜棋.广西乐业天坑旅游与热气球运动契合之研究［J］.体育科技，2013，34（4）：42-44.

［64］覃小群，蒋忠诚，李庆松，等.广西岩溶区地下河分布特征与开发利用［J］.水文地质工程地质，2007，34（6）：10-13.

［65］覃星，唐俊，钟业聪，等.广西乐业雅长林区大石围、黄猺洞考察［J］.中国岩溶，1996，15（3）：297.

［66］任娟刚，王研，王鹏，等.南郑小南海天坑群成因演化浅析——以西沟洞天坑、大佛洞为例［C］//中国土木工程学会桥梁及结构工程分会.第二十二届全国洞穴学术会议论文集，2016：63-66.

［67］任美锷，刘振中.岩溶学概论［M］.上海：商务印书馆，1983.

［68］税伟，陈毅萍，简小枚，等.喀斯特原生天坑垂直梯度上植物多样性特征——以云南沾益天坑为例［J］.山地学报，2018，36（1）：53-62.

［69］税伟，陈毅萍，王雅文，等.中国喀斯特天坑研究起源、进展与展望［J］.地理学报，2015，70（3）：431-446.

［70］苏仕林，张婷婷，马博.大石围天坑群鳞毛蕨科药用蕨类植物资源调查［J］.安徽农业科学，2011，39（30）：18558-18560.

［71］苏仕林，黄珂，马博．广西乐业大石围天坑群区蕨类植物多样性研究
　　　［J］．湖北农业科学，2012，51（5）：948-950．

［72］苏仕林，张婷婷．大石围天坑群区水龙骨科药用蕨类植物的调查研究
　　　［J］．湖北农业科学，2012，51（6）：1181-1184．

［73］苏仕林．大石围天坑群区药用蕨类植物资源调查［J］．湖北农业科学，
　　　2012，51（23）：5376-5380．

［74］苏宇乔，薛跃规，范蓓蓓，等．广西流星天坑植物群落结构与多样性
　　　［J］．西北植物学报，2016，36（11）：2300-2306．

［75］索书田，毕先梅，赵文霞，等．右江盆地三叠纪岩层极低级变质作用及地
　　　球动力学意义［J］．地质科学，1998（4）：395-405．

［76］谭开鸥，朱学稳，李玉生．长江三峡奇观［M］．重庆：重庆出版社，
　　　2001．

［77］童国榜，郑绵平，王伟铭，等．广西百色盆地始新世孢粉组合与环境
　　　［J］．地层学杂志，2001，25（4）：273-278．

［78］王国芝，胡瑞忠，苏文超，等．滇—黔—桂地区右江盆地流体流动与成矿
　　　作用［J］．中国科学（地球科学），2002（32，增刊）：78-87．

［79］王乃昂．论东亚季风的形成时代［J］．地理科学，1994，14（1）：81-89．

［80］王晓梅，王明镇，张锡麒．中国晚始新世—早渐新世地层孢粉组合及其古
　　　气候特征［J］．地球科学，2005，30（3）：309-316．

［81］王映文．略论广西岩溶地貌［J］．广西地质，1986（1）：71-75．

［82］韦跃龙，陈伟海，黄保健．广西乐业国家地质公园地质遗迹成景机制及模
　　　式［J］．地理学报，2010，65（5）：109-112，580-594．

［83］韦跃龙，陈伟海，覃建雄，等．岩溶天坑纵向分带旅游产品开发方

式——以广西乐业大石围天坑群为例［J］.桂林理工大学学报，2011，31（1）：52-60.

［84］肖国桥，张仲石，姚政权.始新世—渐新世气候转变研究进展［J］.地质论评，2012，58（1）：91-105.

［85］夏林圻，马中平，李向民，等.青藏高原古新世—始新世早期（65-40 Ma）火山岩——同碰撞火山作用的产物［J］.西北地质，2009，42（3）：1-25.

［86］薛跃规，陆祖军，张宏达.广西地质、地理和植物区系起源与发展［J］.广西师范大学学报（自然科学版），1996（3）：56-63.

［87］姚梦琴.乐业大石围探险记［J］.大石围，1998：1-14.

［88］杨立铮.中国南方地下河特征［J］.中国岩溶，1985，14（1）：92-100.

［89］杨世燊.石海洞乡：四川省兴文县的溶洞石林［M］.重庆：重庆出版社，1989.

［90］易求芳.百朗地下河系［J］.中国岩溶，1983（2）：127-136.

［91］袁鹤然，乜贞，刘俊英，等.广西百色盆地古近系沉积特征及其古气候意义［J］.地质学报，2007，81（12）：1692-1698.

［92］张成忠，杜真科.贵州省平塘塘边—罗甸董架天坑群与罗甸小井地下河系统的相关性［J］.贵州地质，2017，34（3）：191-198.

［93］张继淹.右江三叠系复理石与印支再生地槽［J］.地质通报，1988（1）：31-38.

［94］张继淹，刘金荣.大石围天坑形成时代及相关问题探讨［J］.南方国土资源，2008（2）：32-34.

［95］张锦泉，蒋廷操.右江三叠纪弧后盆地沉积特征及盆地演化［J］.南方国

土资源，1994（2）：1-14.

［96］张美良，谢运球，姚梦琴，等.广西乐业县大石围岩溶漏斗的形成特征
［J］.广西科学，2000，7（3）：217-221.

［97］张远海，朱德浩.中国大型岩溶洞穴空间分布及演变规律［J］.桂林理工
大学学报，2012，332（1）：20-28.

［98］曾华烟.广西岩溶地区岩溶水开发利用问题［J］.广西地质，1995，
8（3）：43-48.

［99］曾小飚，苏仕林.广西大石围天坑群风景旅游区爬行动物的调查研究
［J］.中国农学通报，2012，28（26）：206-210.

［100］曾小飚，苏仕林.广西大石围天坑群风景旅游区两栖动物资源调查［J］.
江苏农业科学，2013，41（3）：348-350.

［101］曾允孚，刘文均，陈洪德，等.右江盆地的沉积特征及其构造演化［J］.
广西地质，1992，5（4）：1-13.

［102］张治军.广西雅长兰科植物自然保护区生态系统生态功能分析及其价值
评估［J］.林业建设，2012（1）：79-85.

［103］赵玉龙，刘志飞.古新世—始新世最热事件对地球表层循环的影响及其
触发机制［J］.地球科学进展，2007，22（4）：341-349.

［104］周怀玲，张振贤.广西二叠纪岩相古地理格局［J］.南方国土资源，
1994（4）：1-12.

［105］朱德浩.试论热带岩溶地貌研究中不同观点分歧的实质——以桂林为例
［J］.中国岩溶，1984，3（2）：74-77.

［106］朱德浩.广西通志（岩溶志）［M］.南宁：广西人民出版社，2000.

［107］朱学稳.桂林岩溶［M］.上海：上海科学技术出版社，1988.

［108］朱学稳，汪训一，朱德浩，等.桂林岩溶地貌与洞穴研究［M］.北京：
地质出版社，1988.

［109］朱学稳.峰林喀斯特的性质及其发育和演化的新思考［J］.中国岩溶，
1991，10（1，2，3）：51-62，137-150，178-182.

［110］朱学稳.地下河洞穴发育的系统演化［J］.云南地理环境研究，1994，
6（2）：7-16.

［111］朱学稳，张远海.四川南部大型喀斯特漏斗和地缝式峡谷［J］.中国岩
溶，1995（14，增刊）：1-11.

［112］朱学稳，张任，张远海，等.四川兴文石林区的喀斯特与洞穴［J］.中
国岩溶，1995（14，增刊）：28-48.

［113］朱学稳.中国的喀斯特天坑及其科学与旅游价值［J］.科技导报，
2001（160）：60-63.

［114］朱学稳，朱德浩，黄保健，等.喀斯特天坑略论［J］.中国岩溶，
2003，22（1）：51-65.

［115］朱学稳.掀起天坑的盖头来［J］.中国地质地理，2003（5）：44-46.

［116］朱学稳，黄保健.广西乐业大石围天坑群：发现、探测、定义与研究
［M］.南宁：广西科学技术出版社，2003.

［117］朱学稳.武隆后坪侵蚀型天坑的发现及其科学与旅游价值［J］.中国岩
溶，2006，25（S1）：93-98.

［118］Bottazzi J. Voyages en terre chinoise tome 4- Spelunca Mémoires N° 37-
Inventaire spéléologique du district de Fengshan［J］. 2018（37）：1-275.

［119］Campion G. The Hidden River Expedition1002［M］//China Caves Project.
London：British Cave Research Association，2003.

［120］Campion G. Huanjiang 1009 ［M］//China Caves Project. London：British
Cave Research Association，2009.

［121］Campion G，Harrison A C. A short history of the China Caves Project ［J］.
Cave and Karst Sciences，2014，41（2）：57-75.

［122］Deuve T. Deux remarquables Trechinae anophtalmes des cavites souterraines
du Guangxi nord-occidental，Chine（Coleoptera，Trechidae）［J］. Bullet
in de la societe entomologique de France，2003，107（5）：515-523.

［123］Eavis A. Large collapse chambers within caves ［J］. Cave and Karst
Sciences，2005，32（2，3）：81-82.

［124］Lynch E. Tian Xing：report from the field ［J］. Descent，2004（181）：
18.

［125］Ford D，Williams P W. Karst Geomorphology and Hydrology ［M］.
London：Wiley，2007.

［126］Gilli E. Volcanism-induced karst landforms and speleogenesis，in the
Ankarana Plateau（Madagascar）. Hypothesis and preliminary research ［J］.
International Journal of Speleology，2014，43（3）：283-293.

［127］Gray M. Geodiversity：Valuing and Conserving Abiotic Nature,2nd Edition
［M］. London：Wiley，2013.

［128］Zachos J，Pagani M，Sloan L，et al. Trends，Rhythms，and Aberrations in
Global Climate 65 Ma to Present ［J］. Science，2001，292（5517）：686-
695.

［129］James J. Giant dolines of the Muller Plateau，Papua New Guinea ［J］.
Cave and Karst Sciences，2005，32（2，3）：85-92.

［130］Jin C，Ciochon R L，Dong W，et al. The first skull of the earliest giant panda［J］. Proceedings of the National Academy of Sciences，2007，104（26）：10932-10937.

［131］Klimchouk A. Cave unroofing as a large-scale geomorphic process［J］. Cave and Karst Sciences，2005，32（2，3）：93-98.

［132］Kranjc A. Some large dolines in the Dinaric karst［J］. Cave and Karst Sciences，2005，32（2，3）：99-100.

［133］Palmer A N，Palmer M V. Hydraulic considerations in the development of tiankengs［J］.Cave and Karst Sciences，2005，32（2，3）：101-106.

［134］Senior K J. The Yangtze Gorges Expedition.China Caves Project 1994［M］. London：British Cave Research Association，1995.

［135］Waltham A C，Willis R G. Xingwen：China Caves Project 1989-1992［M］. London：British Cave Research Association，1993.

［136］Waltham A C. The 1005 Tiankeng Investigation Project in China［J］. Cave and Karst Sciences，2005，32（2，3）：51-54.

［137］Waltham A C. Tiankengs of the world，outside China［J］. Cave and Karst Sciences，2005，32（2，3）：67-74.

［138］Waltham A C. Collapse processes at the tiankengs of Xingwen［J］. Cave and Karst Sciences，2005，32（2，3）：107-110.

［139］White W B，White E L . Size scales for closed depression landforms：the place oftiankengs［J］. Cave and Karst Sciences，2005，32（2，3）：111-118.

［140］White W B，David C. Encyclopedia of Caves（Second Edition）［M］.

Elsevier, 2012: 821–825.

[141] Su Y Q, Mo F Y, Xue Y. Karst tiankengs as refugia for indigenous tree flora amidst a degraded landscape in southwestern China [J]. Scientific Reports, 2017, 7 (1): 4249–4259.

[142] Zhu X W, Chen W H. Tiankengs in the karst of China [J]. Cave and Karst Sciences, 2005, 32 (2, 3): 55–66.

[143] Zhu X W, Waltham A C. Tiankengs: definition and description [J]. Cave and Karst Sciences, 2005, 32 (2, 3): 75–80.

[144] 吴征镒, 周浙昆, 李德铢, 等. 世界种子植物科的分布区类型系统 [J]. 植物分类与资源学报, 2003, 25 (3): 245–257.

[145] 吴征镒. 中国种子植物属的分布区类型 [J]. 植物资源与环境学报, 1991 (S4): 1–3.

[146] 广西壮族自治区水产研究所. 广西淡水鱼类志 [M]. 南宁: 广西科学技术出版社, 1981.

后　记

在我国960多万平方公里的土地上，有着丰富多彩的岩溶现象和多种多样的岩溶形态；从世界最高峰喜马拉雅山到我国南海都有岩溶地貌分布，从海拔6000多米到海平面以下都有岩溶洞穴被发现。

世界之巅的巍巍珠穆朗玛峰峰顶由奥陶系灰岩组成，是典型的灰岩塔峰；莽莽青藏高原上革吉县的灰华柱林、四川松潘黄龙沟流石坝彩池群和九寨沟大型灰华坝堰塞湖湖泊群，均为世所罕见的岩溶奇观；云贵高原上的路南石林、黄果树瀑布群，重庆武隆的天生三桥，广西凤山的洞穴群，以其独特的世界级奇观而闻名于世；长江三峡、桂林山水、广东肇庆星湖自古以来久享盛誉；在浩瀚的南海海域，发育有众多珊瑚礁岛和深300.89米的龙洞，为世界上海洋蓝洞之最；中原大地开凿于白云岩中的龙门石窟，闪烁着中华文化的灿烂光辉。北京上方山云水洞游览历史回响久远，十渡、龙门洞、石花洞等岩溶风景区的开辟给北京旅游增添了新的情趣；本溪水洞将岩溶地下河的壮观和神奇尽情地展现在世人面前，似为北国明珠。

这些形态各异的岩溶现象，各有特点，难分高下，在神州大地上争奇斗艳。而时至今日，继四川小岩湾天坑、奉节小寨天坑、乐业大石围天坑、武隆箐口天坑、巴马交乐天坑等被发现之后，又有众多新发现的天坑，包括汉中天坑群，以其雄伟多姿将祖国的锦绣河山编织得更加绚丽多彩。

　　"天坑"这一概念虽然提出时间不长，但是已引起普遍的关注，天坑已为越来越多的人所知晓，媒体上也不断传来发现新的天坑的报道，其普及和传播速度之快出人意料。许多拥有天坑这一自然资源的地方，纷纷推出或即将推出天坑旅游项目。在某种程度上展现了"天坑"这一概念强大的生命力。我们也清醒地认识到，天坑理论体系虽已经建立，但尚未完全成熟，对"天坑"的认识还有待于深化。一次就能打开自然奥秘的事情毕竟是十分罕见的，没有解决的自然奥秘总是像没有被攀登过的山峰一样高高耸立在人们面前，激起后来者的征服欲望。

　　"天坑"的概念不是凭空产生的，它来自于对大自然的实际考察和发现，建立在作者数十年所进行的岩溶地质研究工作基础之上。大自然总是无比慷慨的，在崎岖的科学道路上攀登的人，就像海滩上的拾贝人，只要肯下功夫，总会采撷到几枚美丽的贝壳。在过去30年里，朱学稳及其团队曾组织、领导中外联合洞穴探险队对四川兴文小岩湾，广西巴马凤山，云南蒙自开远，重庆奉节武隆，广西乐业、平果、靖西，陕西汉中等地进行考察和探险。记得在1984年和1988年，朱学稳先生在兴文小岩湾和云南蒙自做野外考察时，就对小岩湾与天泉洞的成因关系、蒙自的一些塌陷漏斗与南洞地下河的关系有所考虑。2000年6月，朱学稳先生第一次赴乐业县考察大石围天坑群，由于在此之前他对奉节小寨天坑已有较深入的认识，因此在考察大石围及其附近若干天坑之后，天坑这一概念便跃然而出，并当即对乐业大石围天坑群作出正确的科学定位。之后，他的研究团队一如既往，秉承其风格，不断探索。随着越来越多天坑被发现，感于其提出天坑概念的远见卓识，也为天坑理论的完善而积极思考和前行。

天坑概念的形成过程说明，科学需要创新，发现是创新的开始，而发现离不开科学实践和有准备的科学头脑。"天坑"这一概念的提出和认识的取得，绝非偶然。

"青山绿水就是金山银山"，愿乐业大石围天坑群以其雄伟、壮观、独特的景观和生态环境给乐业带来富裕，给人类带来无与伦比的精神享受，让更多的人走进天坑，亲近大自然，探索大自然！

竭诚欢迎地学界的前辈师长给予指教，希望国内外岩溶科学研究同仁给予批评和指正。

致　谢

本书出版之际，首先我们要感谢大石围天坑群的首次发现者《广西林业》杂志编辑部、广西壮族自治区林业勘测设计院以及广西雅长林场的第一批考察队15人；感谢首次进入大石围天坑探险的陈立新、张小宁、莫百锐、陈万明、陈允杰、姚梦琴、姚瑞英、何耘夫、黄和欢、郭儒团、黄元照、唐小欢、邹茂华、刘秀好、谢清龙、刘治洪、冯廷能、黄家毅、梁建森、牙俊峰、张通书等勇士们；感谢长期以来为大石围天坑群的考察和探测提供热心帮助的乐业飞猫探险队队员李晋、禤琼飞、莫超锐、黄元星、黄超良、李春明、韦宣照、雷光枫、何卫兵、黄建军、杨美社、黄俊愉、龚汉雷、龚汉顺、黄公南、李祥瑞、杨顺奇等；感谢参与大石围天坑群资源调查和研究的蔡五田、韩道山、马组陆、韦跃龙、阳和平、罗书文、邓亚东等同事；感谢广西师范大学生命学院的同仁们；感谢广西红树林、黑洞和702探险队的同仁们；感谢广西壮族自治区地质调查院的同仁们；感谢汉中天坑群的调查和研究者们即陕西省矿产地质调查中心的同仁们；感谢贵州省山地资源研究所、贵州省洞穴协会、遵义洞穴协会的同仁们；感谢《中国国家地理》杂志社和广西善图科技有限公司的同仁们。特别感谢我国著名探险家税晓杰和利用新技术推动天坑发现工作的伍红鹰，感谢无私提供云南沾益天坑群原始资料的税伟教授。感谢他们的辛勤付出，是他们对天坑的热情，对探险的热爱，让我们一窥地下的奥秘。得益于他们的工作，为天坑系统研究提供了素材和可能，促使我们在天坑研究方面更加深入地思考。让我们一起前行，不断进步，使天坑理论越来越成熟，并得到实际的应用和广泛传播。

我们要感谢与中国地质科学院岩溶地质研究所长期合作过的来自英国、爱尔兰、美国、澳大利亚、意大利、法国、瑞士、捷克、日本等国的洞穴探险家们，感谢他们为中国天坑事业做出的重要贡献。

我们还要真诚感谢2次参加国际天坑研讨会的国内外专家们，感谢他们对天坑理论的贡献和传播。参加桂林国际天坑研讨会的专家有美国纽约州立大学的Arthur N. Palmer Margaret V. Palmer，宾夕法尼亚州立大学的William B. White 和 Elizabeth L. White，斯洛文尼亚喀斯特研究所的Andrej Kranjc和Marija Kranjc，乌克兰国家地质研究所的Alexander Klimchouk，澳大利亚悉尼大学的Julia James，英国赫德菲尔德大学的John Gunn，国际洞穴联合会名誉主席和中国探洞项目负责人Andy James Eavis 和 Lilian Eavis，英国诺丁汉特林特大学的Tony Waltham和Jan Waltham，以及中国科学院地球化学研究所的刘再华。参加汉中国际天坑群学术研讨会的专家有英国伯明翰大学的John Gunn，斯洛文尼亚喀斯特研究所的Andrej Mihevc，乌克兰国家地质研究所的Alexander Klimchouk，英国洞穴探险协会的Philip John Rowsell和Bruce Benseley，中国地质科学院岩溶地质研究所的袁道先院士，西北大学的张国伟院士，陕西省地质调查院的王双明院士，中国地质科学院岩溶地质研究所的胡茂焱、蒋忠诚，中国地质调查局西安地质调查中心的李荣社，中国地质调查局的毛晓长，中国地质环境监测院的董颖，中国科学院地质与地球物理研究所的谭明，南京大学的张捷，重庆市地勘局南江地质队的曾云松以及陕西省地质调查院和陕西省矿产地质调查中心的苟润祥、洪增林、罗乾周、黄建军、白宏、李新林、张俊良、任娟刚、李益朝、侯登峰、高佑民、钞中东、刘社虎、赵玮、卓联昌、滕宏泉、白鹏飞等。

作者还要感谢参加大石围天坑群宇生核素暴露测年的专家们，日本竹波大学的笹公和，东京大学的松四雄骑，中国原子能科学院的姜山、何明，广西大学的阮向东、管卫精，广西师范大学的沈洪涛。

此外，感谢为本书提供精美图片的李晋、张小宁、向航等摄影师；感谢为本书提供素描图的隋佳轩，为了绘制本书插图，不远数千公里，从遥远的东北来到西南边陲，亲临现场踏勘，生动的素描图为本书增添了光彩；感谢长期以来在区域地质地貌与洞穴研究室辛勤工作的绘图员容悦冰、莫大桂、容海莲、韦艾辰、李发源和韦昊星，感谢她们的插图，一目了然，超越文字千篇！

图片摄影：Carsten Peter　向　航　孙佳骐
　　　　　李　晋　　　何瑞傭　张小宁
　　　　　陈立新　　　陈伟海　赵揭宇
　　　　　唐全生　　　黄国祥　税晓洁

绘　　图：隋佳轩

图片供应：武隆县世界自然遗产管理委员会

图书在版编目（CIP）数据

乐业天坑/朱学稳等著. —南宁：广西科学技术出版社， 2018.10
（我们的广西）
ISBN 978-7-5551-1038-5

I. ①乐…　II. ①朱…　III. ①岩溶地貌－介绍－乐业县　IV. ①P642.252.267.4

中国版本图书馆CIP数据核字（2018）第190989号

策　　划：骆万春　责任编辑：黎志海　张　珂　美术编辑：韦娇林　梁　良
责任校对：夏晓雯　梁诗雨　陈庆明　责任印制：韦文印
出版人：卢培钊
出版发行：广西科学技术出版社　地址：广西南宁市东葛路66号　邮编：530023
电话：0771-5842790（发行部）　传真：0771-5842790（发行部）
经销：广西新华书店集团股份有限公司　印制：雅昌文化（集团）有限公司
开本：787毫米×1092毫米　1/16　印张：21　插页：10　字数：291千字
版次：2018年10月第1版　印次：2018年10月第1次印刷
本册定价：128.00元　总定价：3840.00元